1時間でわかる エクセル VLOOKUP《ブイルックアップ》関数

【改訂2版】

木村幸子 著

技術評論社

本書について

しくみを理解してＶＬＯＯＫＵＰ関数を使いこなそう

エクセルの関数の中でも、とくに有名なのがＶＬＯＯＫＵＰ関数です。ビジネスの現場では利用頻度が抜群に高く、便利なことで知られています。使ったことはなくても、名前は聞いたことがあるのではないでしょうか。

ＶＬＯＯＫＵＰ関数を使ってみたいけれど、なんだか難しそう。そんなふうに思っている人も多いことでしょう。たしかに、関数の設定材料である「引数」は４つもあるし、それぞれの引数には守らなければいけないルールがあって、一筋縄ではいきません。また、本に書かれている通りに入力すれば、その場はなんとか指定できても、いざ応用しようとすると途端にわからなくなってしまうこともあります。

そこでこの本の出番です。ＶＬＯＯＫＵＰ関数を使いこなすためには、まず関数そのもののしくみを理解しましょう。そのうえで、ＶＬＯＯＫＵＰという関数が、どんなふうに情報を検索して結果を表示するのかをつかみましょう。

この本は、見ての通り「縦書き」です。従来のパソコン書は横書きですが、本書は、移動中の乗り物の中でも気軽に読んでもらえるように、あえて縦書きのスタイルにしました。また、横書きのパソコン本が操作の解説を中心とするのに対して、この本では、ＶＬＯＯＫＵＰ関数のしくみをわかりやすく解き明かすことに重点を置いています。

「1時間でわかる」というタイトルの示す通り、ＶＬＯＯＫＵＰ関数のしくみと知っておくべき最低限のルールを、短時間で理解することができるでしょう。

本書が、皆さんがＶＬＯＯＫＵＰ関数を使いこなすための一助となれば幸いです。

２０２２年1月　木村幸子

※本書はエクセル２０２１、２０１９、２０１６およびマイクロソフト３６５を対象としています。

Contents

Chapter 1 まずは関数の基礎を理解しよう

Chapter 2

VLOOKUP関数の基本をマスターしよう

Contents

Chapter 3 VLOOKUP関数を使いこなそう

Chapter 4

即効解決Q&A

[サンプルデータダウンロード]

本書内で解説しているサンプルは以下の URL からダウンロードできます。
https://gihyo.jp/book/2022/978-4-297-12701-5/support/

[免責]

本書に記載された内容は、情報の提供のみを目的としています。したがって、本書を用いた運用は、必ずお客様自身の責任と判断によって行ってください。これらの情報の運用の結果について、技術評論社および著者はいかなる責任も負いません。

本書記載の情報は、2022 年 1 月現在のものを掲載していますので、ご利用時には、変更されている場合もあります。

また、本書は Windows 11 と Excel 2021 を使って作成されており、ソフトウェアはバージョンアップされる場合があり、本書での説明とは機能内容や画面図などが異なってしまうこともあり得ます。本書ご購入の前に、必ずバージョン番号をご確認ください。OS やソフトウェアのバージョンが異なることを理由とする、本書の返本、交換および返金には応じられませんので、あらかじめご了承ください。

以上の注意事項をご承諾いただいた上で、本書をご利用願います。これらの注意事項に関わる理由にもとづく、返金、返本を含む、あらゆる対処を、技術評論社および著者は行いません。あらかじめ、ご承知おきください。

[商標・登録商標について]

Chapter

1

まずは関数の基礎を理解しよう

Section 01

ＶＬＯＯＫＵＰ関数はここがすごい

ＶＬＯＯＫＵＰ関数の驚きの機能

エクセルには、実に３００種類以上もの関数がある。その中でもＶＬＯＯＫＵＰ（ブイルックアップ）関数は、ビジネスシーンにおける活用度の高さという点では１，２を争う関数だ。では、そもそもＶＬＯＯＫＵＰ関数とは何をする関数なのか。

エクセルで注文書や売上記録を作る際、別シートに入力された商品のリストを見ながら商品単価や商品名を手作業で入力した経験はないだろうか。キーボードから手入力するのは時間もかかるし、第一入力ミスの心配もある。

そこで役立つのがＶＬＯＯＫＵＰ関数だ。ＶＬＯＯＫＵＰ関数は、社員番号や商品番号などの「コード番号」を指示すると、それをもとに、一覧表から関連するデータを探して、セルにその内容を表示する働きを持つ。商品番号を告げただけで、その商品の情報を手際よく教えてくれるベテランの店員を想像するとわかりやすい。商品一覧表などの内容を、別の表に自動で転記したいときに役立つ関数なのだ。

VLOOKUP 関数はベテランの店員？

関連のデータを
すぐに探してくれる

商品番号	商品名	単価	在庫数
101	ニット赤	6800	2
102	ニット黒	7200	1
103	シャツ	5800	3

One Point

➔ VLOOKUP 関数
コード番号から情報を検索・表示してくれる関数

●データを検索して表示させる関数

具体的にＶＬＯＯＫＵＰ関数が使われている例を見てみよう。

左ページのシートに2つの表がある。左の小さな表が「商品検索表」、右の表が「商品リスト」だ。「商品リスト」には、その会社が扱う商品の情報が登録されている。1件1件の情報にはコード番号を付けて区別するため、「商品番号」、「商品名」、「単価」の3つの列を作って商品の情報を管理している。

一方、左の「商品検索表」では、B3セルに「商品番号」を入れると、それに対応する「商品名」を右の「商品リスト」から探し出してC3セルに表示させている。このときC3セルに入力したのがＶＬＯＯＫＵＰ関数だ。

では、ＶＬＯＯＫＵＰ関数はどうやって「商品リスト」から情報を探すのか。「商品リスト」の左端のＥ列を見てほしい。「商品番号」が「１０１」、「１０２」…と入力されているので、ここからB3セルに入力されたのと同じ商品番号を探せばよい。

たとえば、商品番号が「１０３」なら「商品リスト」の上から3行目（行番号では「5」の行）が検索の対象になる。この行の商品名は「エスプレッソ」なので、C3セルには「エスプレッソ」と表示される。

商品番号をもとにリストから検索

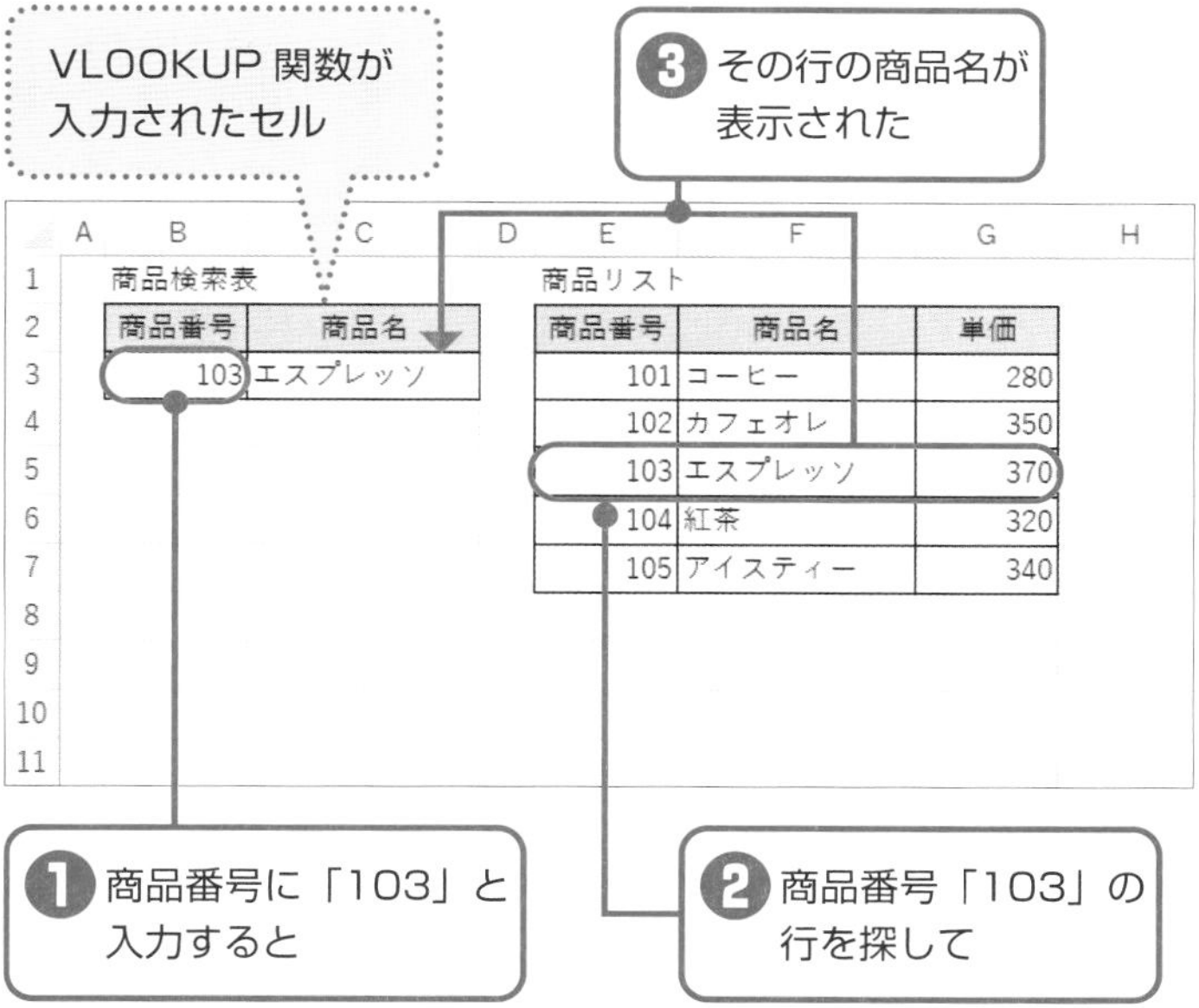

One Point

➔ VLOOKUP 関数は、指定されたコード番号を表の中から探して、その番号に該当する行のデータを表示する

Section 02

VLOOKUP関数のしくみはこうなっている

VLOOKUP関数の構成

VLOOKUP関数の動作がぼんやりと理解できたところで、構造を見てみよう。左ページの図では、カッコで囲まれた中に4つの言葉が見える。これらは、VLOOKUP関数の**引数**だ。引数については、あとで詳しく説明する。ここではひとまず引数とは、関数が仕事をするのに必要な材料だと思ってほしい。

最初の引数は**検索値**だ。検索値とは、名前の通り、検索に使うキーとなるコード番号を指す。2番目の引数に**範囲**がある。範囲とは、情報をまとめて管理している一覧表のことだ。3番目の引数は**列番号**。これは一覧表の中で、自分が探したい情報は何列目に入力されているかを示す番号だ。最後の引数**検索方法**は、情報の探し方をエクセルに指示する引数だ。

以上、ざっくりと説明したが、ここではまだ理解できなくてもかまわない。読み進めるうちに、VLOOKUP関数のアウトラインがつかめてくるはずだ。

VLOOKUP 関数の書式

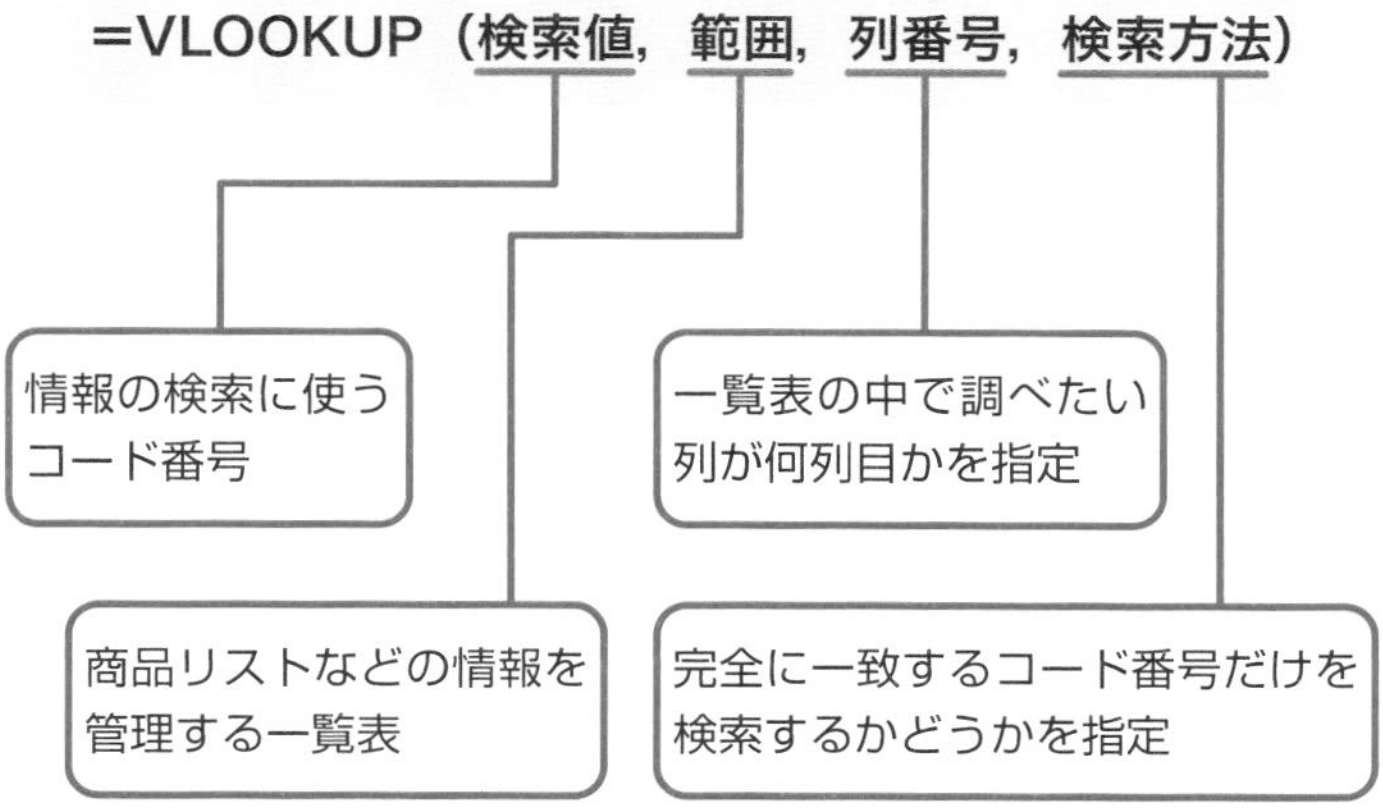

One Point

- 引数とは、関数が動作するために必要な材料
- VLOOKUP 関数には、4つの引数があり、それらを適切に入力すれば、指定した情報を検索できる

●関数の構成がわかれば、VLOOKUP関数を理解できる

言葉で説明するばかりではわかりづらい。今度は実例を見てみよう。

C3セルには、B3セルに入力した商品番号をもとに商品名を検索するVLOOKUP関数の式が入力されている。カッコで囲まれた引数が何を指すのか、1つずつ追いかけよう。

最初の引数「検索値」は、検索に使うコード番号を指すものだ。ここでは、検索したい商品番号が入力されたB3セルを指定している。2番目の引数「範囲」には、商品リストのセル範囲である「E3：G7」と指定されている。

3番目の引数「列番号」には、「2」と入力されている。商品名は「商品リスト」の左から2列目（F列）に入力されているので、ここには「2」と入力するわけだ。

最後の引数「検索方法」には、「FALSE」という単語が入力されている。「FALSE」とは、「B3セルに入力された『商品番号』と完全に一致する『商品番号』をE列から探してほしい」という指示になる。このように指定すれば、VLOOKUP関数が機能して、C3セルには、商品番号「103」に該当する商品名「エスプレッソ」が商品リストから検索される。

C3 セルに入力した VLOOKUP 関数

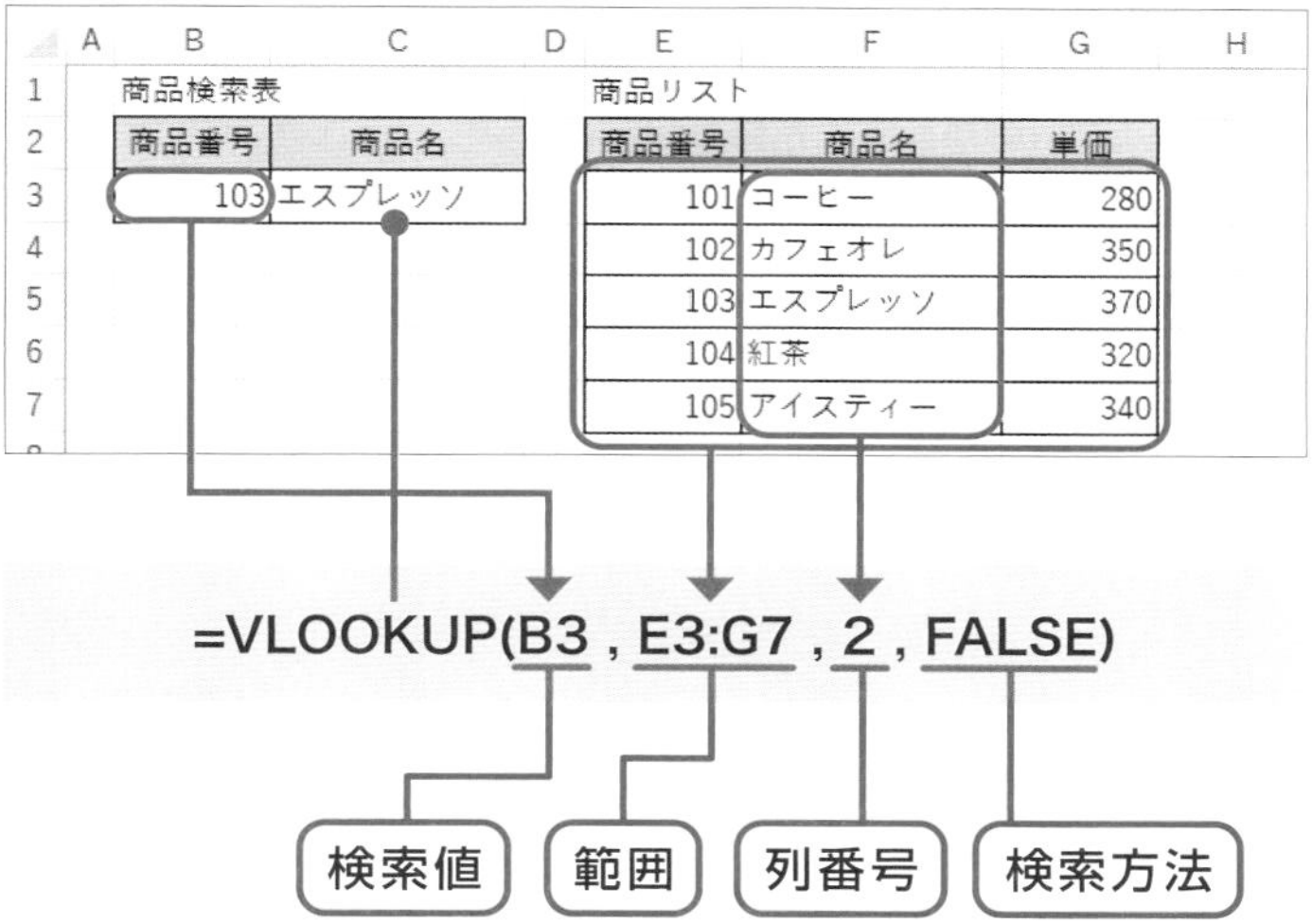

One Point

- 「検索値」・・・検索に使うコード番号
- 「範囲」・・・一覧表のセル範囲
- 「列番号」・・・一覧表の何列目に探したい情報があるか
- 「検索方法」・・・どのように検索するか

Section 03

まずは関数の基本を理解する

SUM関数を挿入する

ここまでVLOOKUP関数の構造についてざっくりと解説してきたが、いきなり細かい話をされて面食らった読者諸氏も多いだろう。そこで、改めて関数の基礎知識を見直しておこう。

まずは、関数をそのものの成り立ちを理解しよう。手始めに、日常の業務においてもっとも使用頻度が高い関数を取り上げたい。そう、合計を求めるときにおなじみのSUM（サム）関数だ。まず、SUM関数を入力してみよう。

詳しい手順は左ページを見てほしい。ここでは営業1課から営業3課までの3つの課の売上金額を合計したい。最初に、計算結果を表示するセルを選んでおく。次に、「ホーム」タブの「合計」ボタンをクリックすると、合計する数字のセル範囲が点滅する枠で囲まれる。キーボードの Enter キーを押せば、SUM関数の式が挿入され、セルには合計結果が表示される。

SUM関数で合計を求めてみる

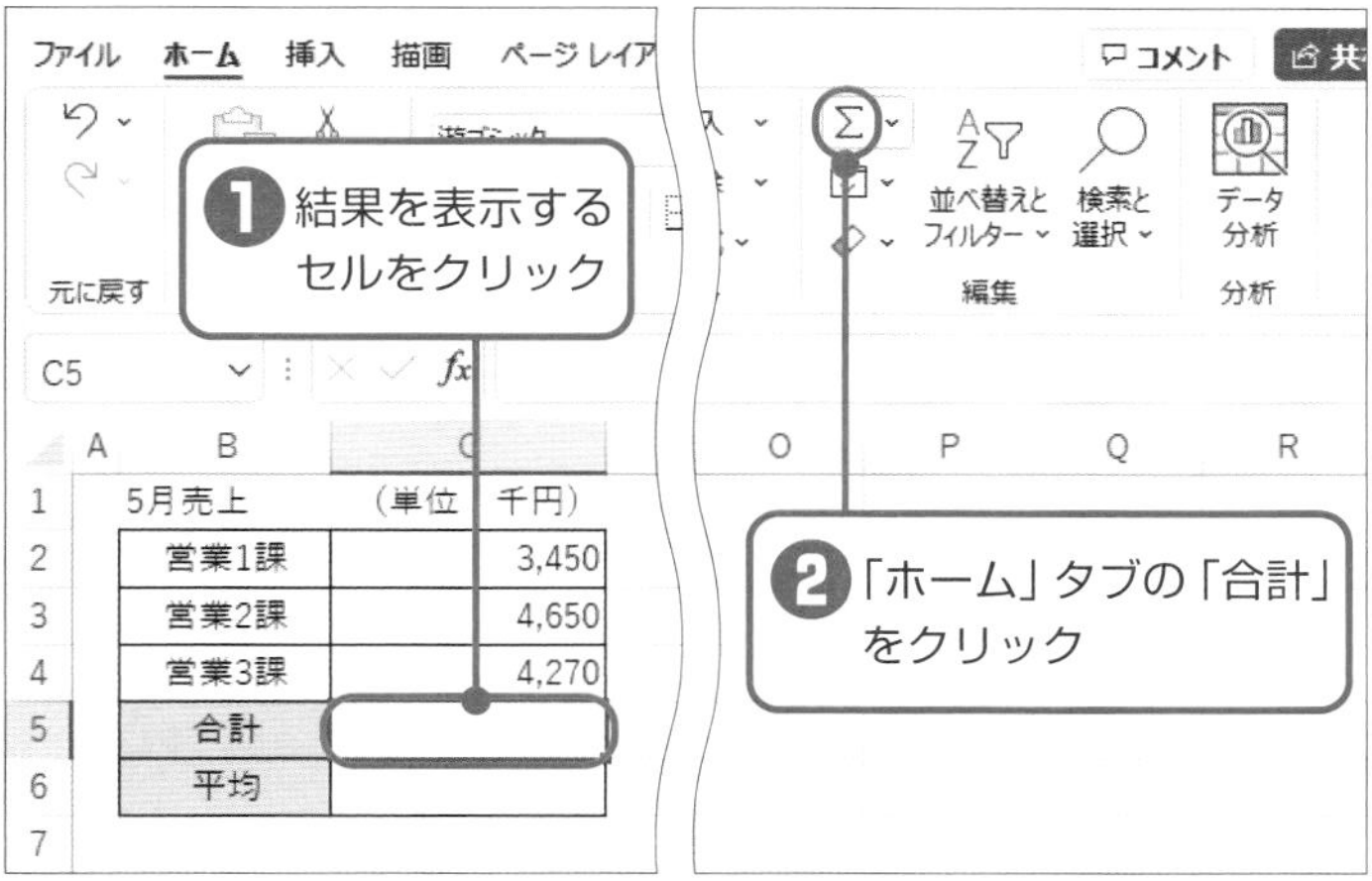

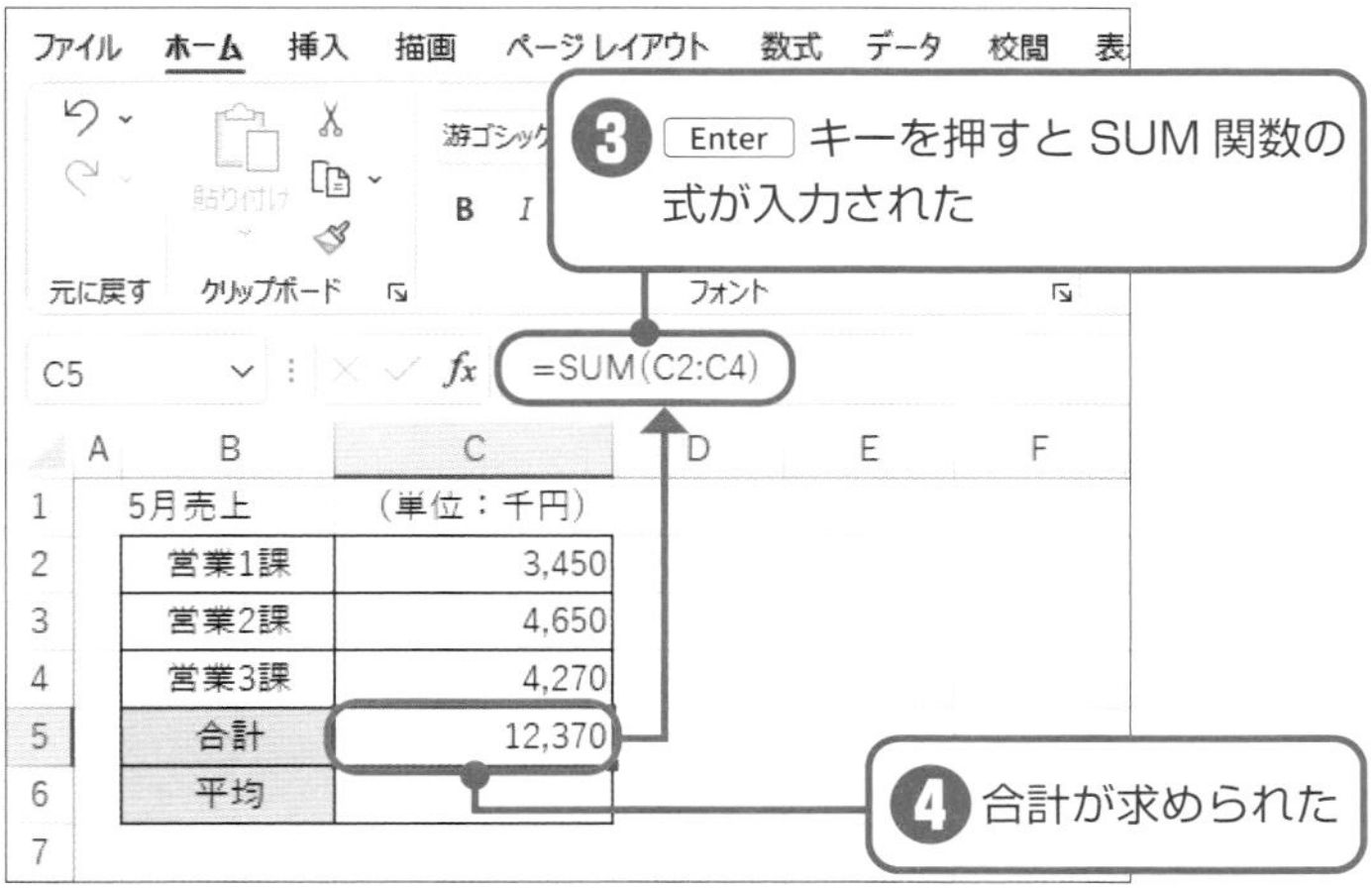

●そのほかの関数の挿入方法

SUM関数は、専用の「合計」ボタンを使ってかんたんに入力できた。では、専用のボタンを持たない関数の場合は、どうやって入力するのだろう。いくつかの方法があるが、本書では、かんたんなだけでなく間違いが少なくて安全な方法を紹介したい。それが左ページで紹介している**「F×」ボタン**をクリックする方法だ。

この操作方法では、2つの画面を使って関数を入力する。セルを選択して「F×」ボタンをクリックすると、まず**「関数の挿入」ダイアログボックス**が表示される。この画面で使いたい関数の名前を検索できる。ここでは、先ほどと同じSUM関数を検索している。

続けて表示されるのが**「関数の引数」ダイアログボックス**だ。これは、選択した関数についての詳しい設定をするための画面。SUMの場合はここで合計したいセル範囲を指定する。最後に「OK」を押せば、設定が済んだ関数が入力される。

これは、関数全般を挿入するときにオールマイティに使える方法で、カッコなどの記号類をエクセルが自動で追加してくれるので、エラーになりにくい方法だ。もちろんVLOOKUP関数もこの手順で挿入できる。

「Fx」ボタンから関数を挿入

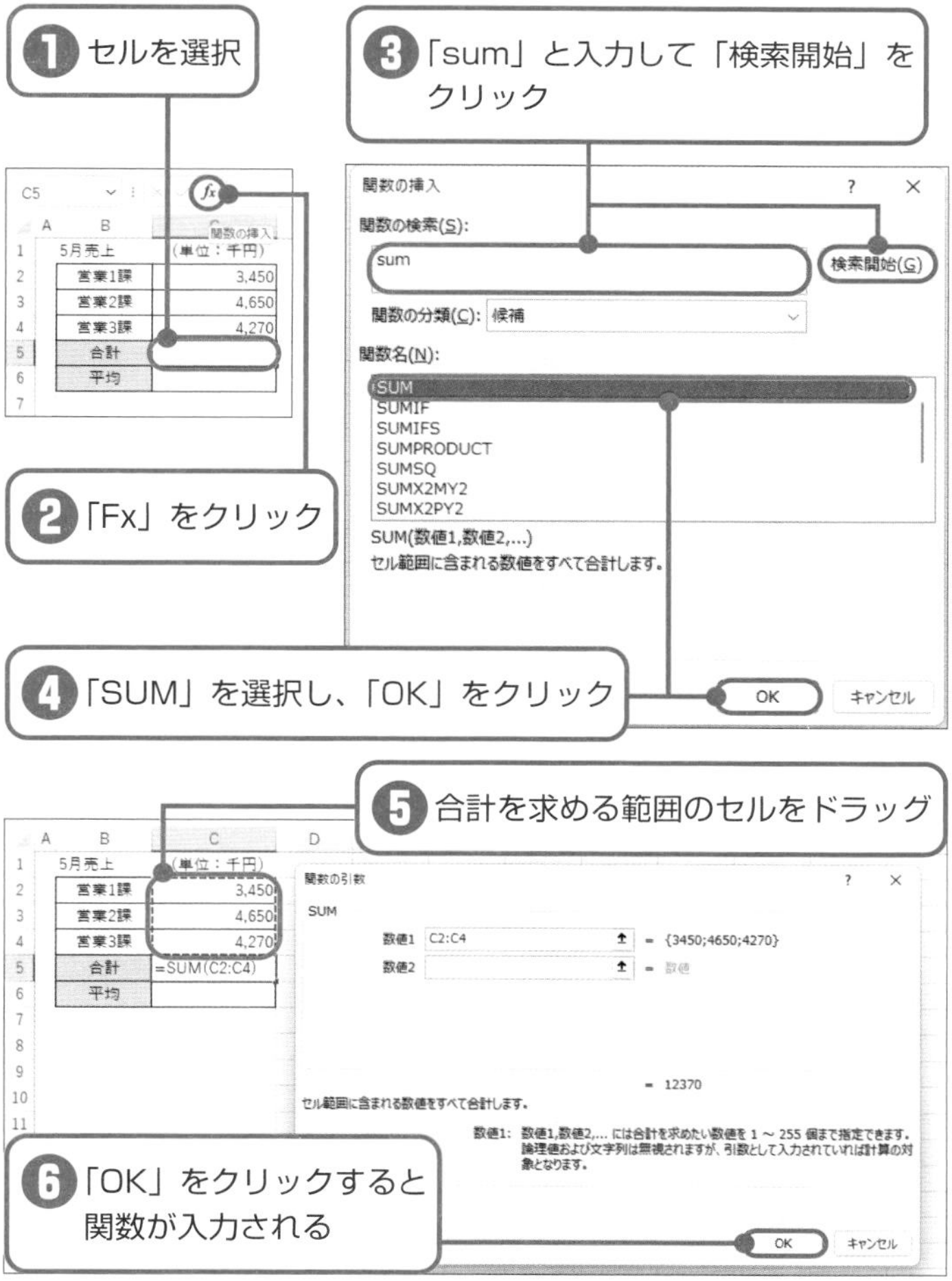

●関数の式を確認する

では、このようにして入力した関数の中身は果たしてどうなっているのだろう。21ページで入力されたＳＵＭ関数の式の内容を確認してみよう。

関数を挿入すると、セルには計算や処理の結果が表示される。ここでは、ＳＵＭ関数を入力したC5セルに、合計値が「１２，３７０」と表示されているのがわかる。では、この結果を求めた関数の中身を見るにはどうすればよいだろうか。それには、関数を入力したセルを選択後、**数式バーを見ればよい**。

「数式バー」というのは、「A」、「B」、「C」…と並ぶ列番号の上にある白い横長の空欄部分のことだ。「数式バー」という名前からわかる通り、セルに計算式を入力すると、ここには数式、つまり計算式の内容が表示される。左ページの例の場合は、C5セルをクリックすればよい。セルには計算結果が、「１２，３７０」と表示されているが、数式バーを見ると、文字や記号が見えるはずだ。この部分が、関数の「式」になる。

左ページの例では、数式バーの表示は、「＝ＳＵＭ（C2：C4）」となり、これが入力されたＳＵＭ関数の式に相当する。今度は、この関数の構造を理解しよう。

SUM 関数の式はこうなっている

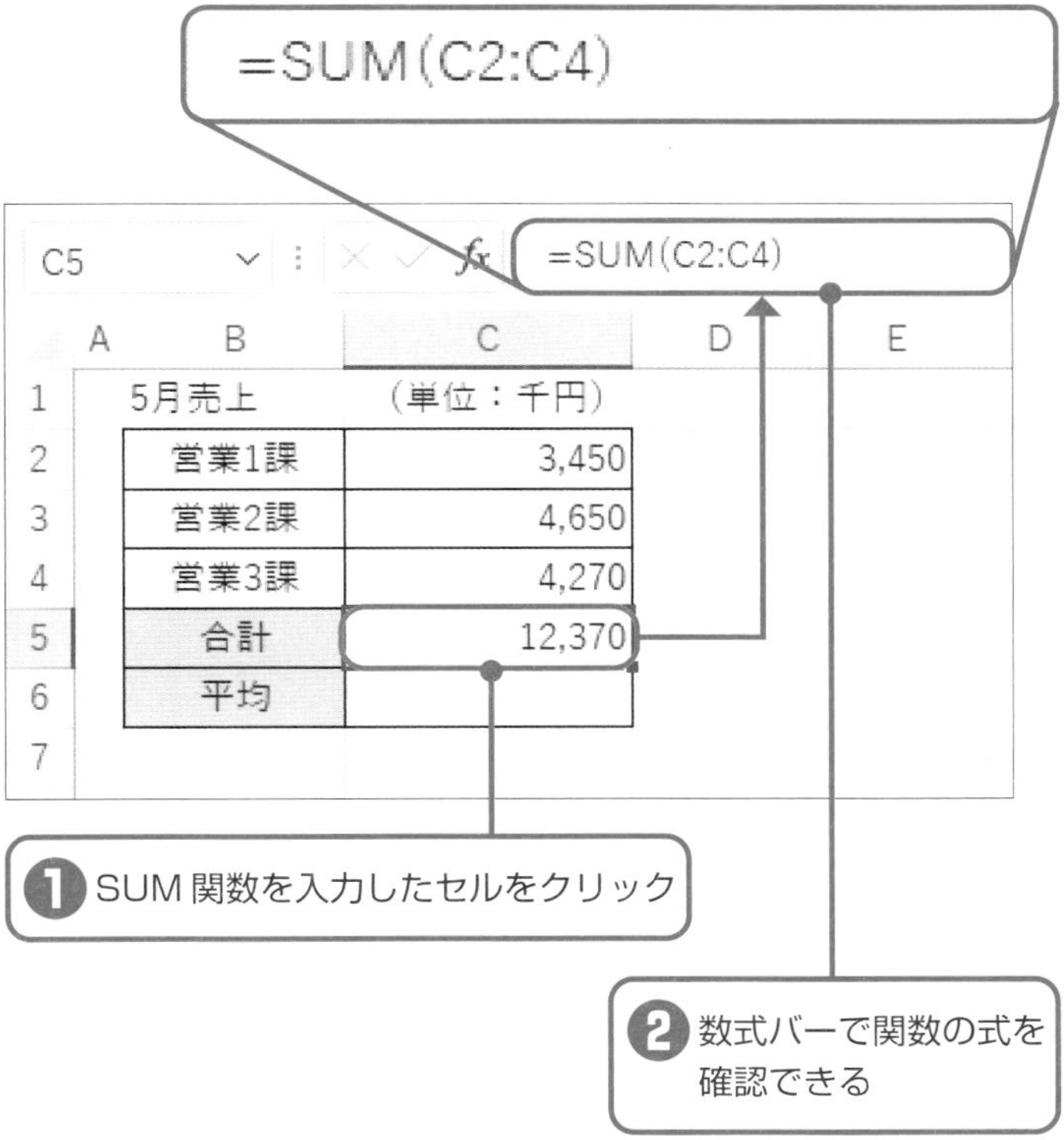

One Point

➔ 入力した関数の数式は、「数式バー」に表示される

Section 04

関数の中身を見てみる ～関数の成り立ち

関数は何からできている？

そもそも関数の構造がどうなっているのかを、まずここで整理しておきたい。23ページのＳＵＭ関数の式を例にして説明しよう。関数の構造を図で表すと左ページのようになる。

まず、関数には、決まった書き方の順序がある。かんたんにいえば、**「イコール」＋「関数名」＋「引数」の順**だ。エクセルでは、数式の先頭に「＝」（イコール）が入る。先頭に「＝」を付けることは、そのうしろの部分を計算せよとエクセルに命じることを意味するのだ。関数も数式の一種であるため、「＝」から入力を開始する。

「＝」に続くアルファベットの部分は、関数の名前だ。エクセルには３００種類以上の関数があり、それら一つ一つには個別に名前が付いている。

最後に、関数名の次のカッコで囲まれた部分が「引数」だ。引数とは、関数の仕事に必要な材料に当たるものだと考えよう。

関数の構造を知る

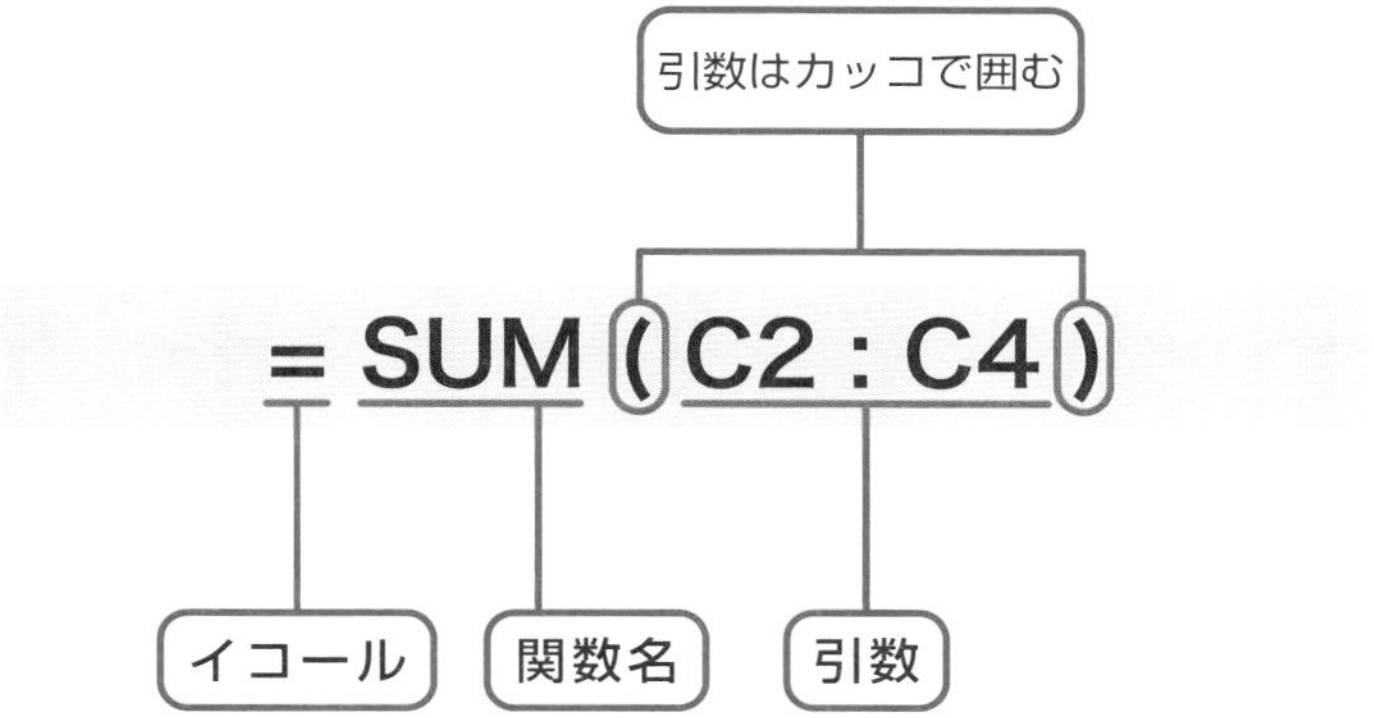

One Point

- 関数はイコール＋関数名＋引数の順に記述する
- カッコの中に含まれているのが引数で、イコールに続くアルファベットの部分は関数の名前

Section 05

関数にはさまざまな機能がある ～関数の種類

関数には名前が付いている

イコール「＝」のあとに続く**「SUM」のようなアルファベットは関数の名前**だ。関数は、名前ごとに機能が異なる。数式バーの「Fx」ボタンをクリックすると、最初に現れる「関数の挿入」ダイアログボックスには、左ページのように「関数名」の一覧に関数がずらりと並んでいる。

関数の名前は、英語をもとにしたものが多い。たとえば「SUM」は「合計」を意味する「sum」という英単語がそのまま名前になっている。ちなみに「VLOOKUP」は「V」と「LOOKUP」の2つに分かれる。「V」は「垂直方向」を意味する「vertical」の頭文字で、「LOOKUP」は「検索」を表す熟語「look up」が使われている。つまりこれで「（表などからデータを）垂直方向に検索する」という意味になる。

なお、関数の式をキーボードから直接入力する場合、関数名は、大文字、小文字どちらで入力しても構わない。Enterキーを押して入力を確定すると、関数名は自動的に大文字に変わる。

関数にはさまざまなものがある

20ページの方法で「関数の挿入」ダイアログボックスを表示する

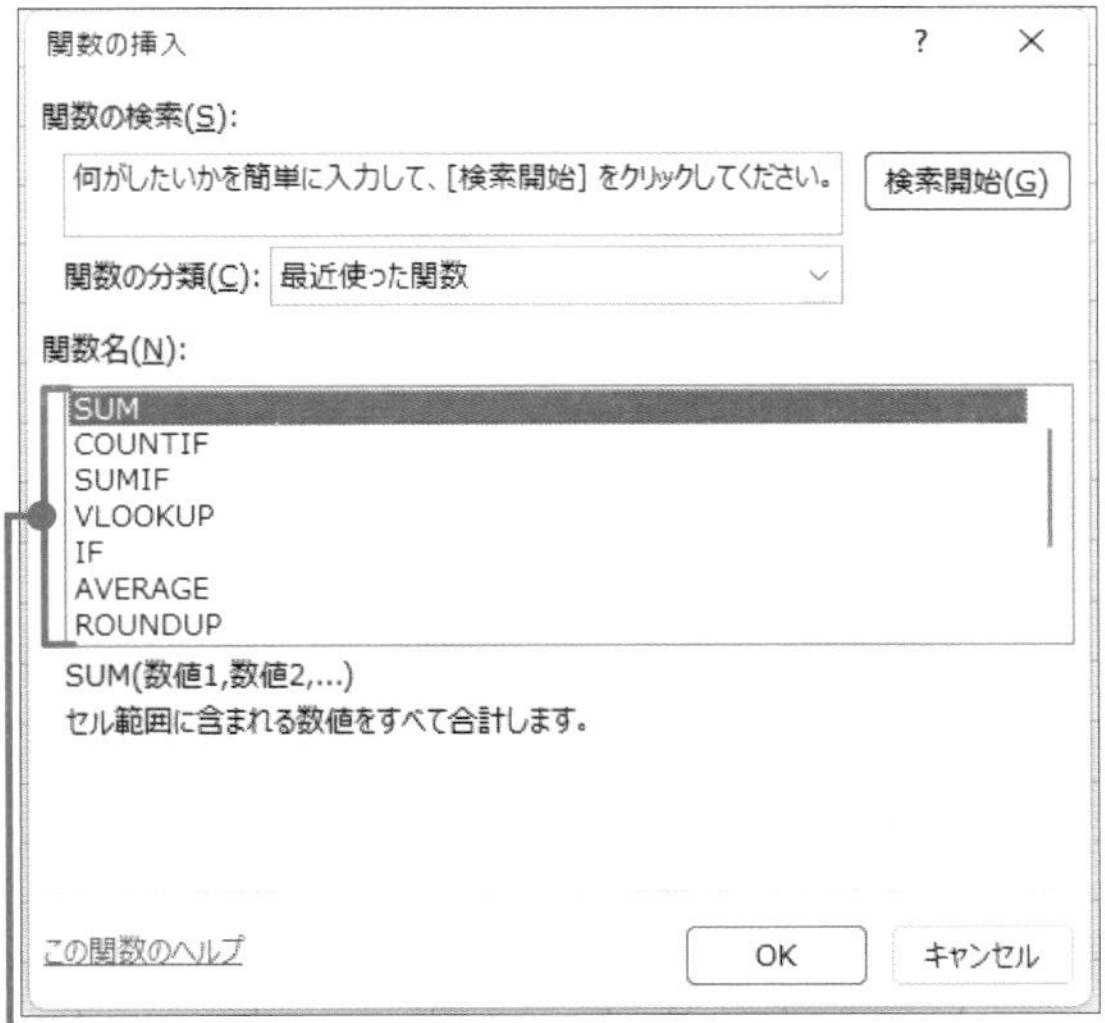

さまざまな関数がここに表示される

●ビジネスシーンで役立つさまざまな関数

関数には３００以上もの種類があるが、めったに使わない関数も多い。そういったものはひとまず置いておき、ここでは、日常的なビジネスシーンでよく使われている関数の例をいくつか見てみよう。

左ページの表は、主に数値データの分析や集計作業に利用される関数だ。１つ目のＳＵＭ関数はすでに紹介した通り、合計を求めるおなじみの関数だ。**ＡＶＥＲＡＧＥ（アベレージ）関数**は、平均値を求める働きをする。売上の平均金額、来店者数の平均人数などビジネスシーンでも出番の多い関数だ。

ＣＯＵＮＴ（カウント）関数と**ＣＯＵＮＴＡ（カウントエー）関数**は、両者ともセルの個数を数える仕事をする。ＣＯＵＮＴ関数では、数値データが入力されたセルの数を数えるのに対して、ＣＯＵＮＴＡ関数では、数値、文字など中のデータの種類を問わず、空欄以外のセルの個数をすべて求める点が異なる。

一方、**ＭＡＸ（マックス）関数**と**ＭＩＮ（ミニマム）関数**は、正反対の意味を持つ関数だ。ＭＡＸ関数は最大値を求める関数で、ＭＩＮ関数は最小値を求める関数になる。このように同類の関数は、一緒に覚えておくと作業に応じて使い分けができる。

ビジネスシーンでよく使う関数の例

関数名	読み方	説明
SUM	サム	合計を求める
AVERAGE	アベレージ	平均を求める
COUNT	カウント	数値データが入力されたセルの個数を求める
COUNTA	カウントエー	文字や数値など何らかのデータが入力されたセルの個数を求める
MAX	マックス	もっとも大きな数値（最大値）が入力されたセルを求める
MIN	ミニマム	もっとも小さな数値（最小値）が入力されたセルを求める

Section 06

カッコの中にあるものは？～引数

カッコの中身はどんな役割をしている？

では、ここからいよいよ引数の話に入ろう。引数とは何だろう。引数の内容をかんたんにいうと、**関数が処理や計算をする際に必要になる材料**のことだ。

関数の働きを略図にしたものが左ページだ。必要な材料を揃えて電子レンジに入れ、調理のボタンを押すと、あとは待っていれば料理ができ上がる。関数は、この電子レンジと同じようなもので、決められた仕事をするために用意された特別な箱だと思えばよい。この箱の中に、必要な「引数」、つまり材料をすべて投入すると、それを使って計算や処理が行われ、その結果がセルに出力・表示されるしくみだ。なお、関数によって出力される結果を**戻り値**と呼ぶ。

28ページで説明したように、関数は、その種類によりさまざまな働きをしてくれるが、**関数が正しく処理を行うためには、必要な材料である引数を正しく指定する**ことが大前提だ。

引数とは「材料」のこと

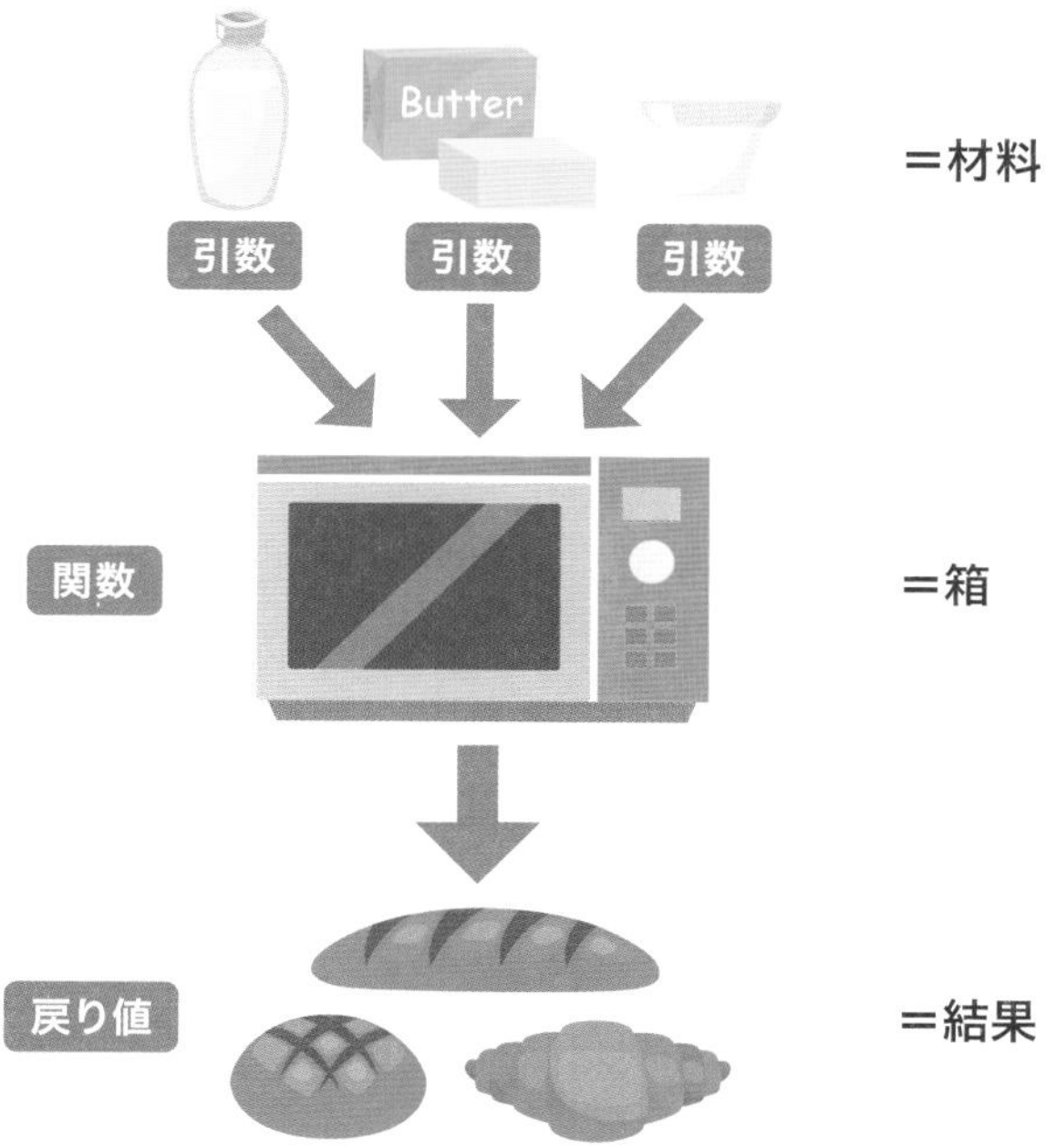

One Point

- 関数によって出力・表示される結果を「戻り値」と呼ぶ
- 「関数」は、「引数」（材料）を入れると、「戻り値」（結果）を出してくれる

●引数の機能を確認する

それでは、実際の関数の式の中では、引数は、どんなふうに指定されるのだろうか。ここでは、18ページで挿入したSUM関数を例にして見てみよう。

この例では、C5セルにSUM関数の式を入力して、営業1課から営業3課までの売上金額の合計を求めている。式の中身を見るには、C5のセルをクリックし、数式バーの部分を見ればよい。すると、「=SUM（C2:C4）」と表示されていることがわかる。

カッコの中身である「C2:C4」の部分がこの関数式の引数だ。ではこれはどういう意味だろう？「C2」や「C4」はセル番地で、その間にある記号の**「:」はちょうど記号の「～」のように範囲を表す**。つまり、「C2:C4」という指定は、「C2セルからC4セルまで」という意味になる。シート上でその内容を確認すると、営業1課から営業3課までの売上金額の合計になることがわかるだろう。

SUM関数では、このように、引数には合計を求めたい数値データや、その数値が入力されたセル範囲を指定する。ここでは、営業1課から営業3課までの売上金額が入力されたC2からC4までのセル範囲を指定したので、C5セルには、営業1課から営業3課までの売上金額の合計が表示される。

SUM 関数の引数は「合計したい範囲」

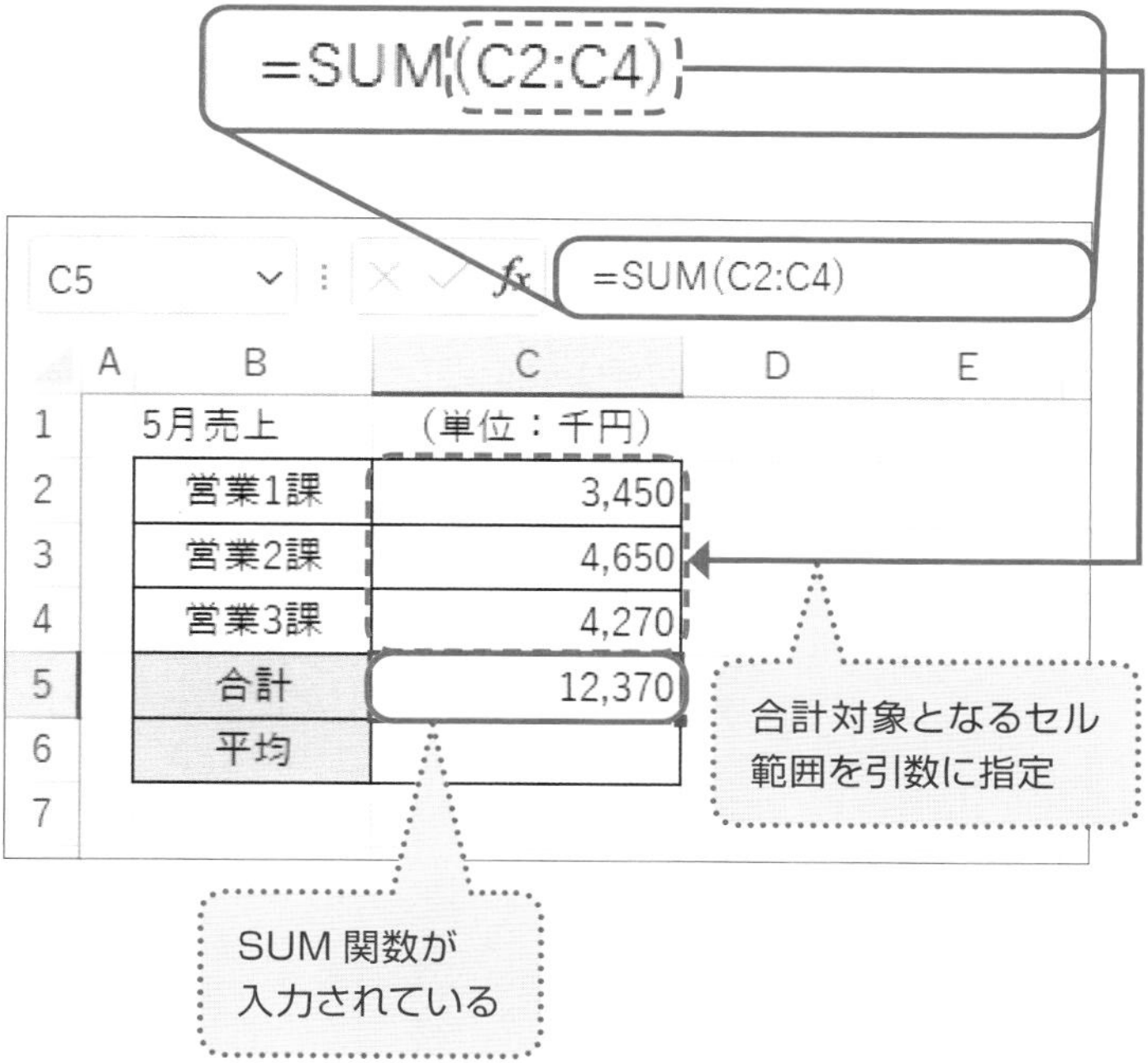

Section 07

引数にはどんなデータが入るのか？

引数に指定できるデータの種類

引数には、さまざまな内容を指定できる。主な種類を左ページの表にまとめた。

まずは、32ページのＳＵＭ関数でも利用している**セル参照**だ。セル参照とは、引数にセル番地を入力することだ。セル参照を利用すれば、そのセルに入力されている数値や文字などのデータを間接的に指定できる。

だが一方で、数値や文字列を直接指定することも可能だ。たとえば、ＳＵＭ関数の引数に「３０，５０，１００」と数値データをカンマで区切って指定すると、「30と50と１００」の合計が求められる。

このように、引数には、セル参照と数値データのどちらを指定することもできる。ただし、セル参照なら、セル内の数値を変更した際に関数の結果が自動で更新される。業務の効率を考えれば、数値そのものよりもセル参照を使うほうが望ましい。

わかりづらいのが表の最後にある「論理値」だ。論理値とは、「ＴＲＵＥ」（真）、または「FALSE」（偽）のどちらであるかを表すものだ。これについては、64ページで詳しく説明したい。

主な引数の種類

セル参照	「A3:B5」のようなセル範囲や「A1」のような単独のセル番地（例）=SUM(A3:A5)
数値	「50」、「-100」、「20%」のような数値データ（例）=SUM(30,50,100)
文字列	「"商品"」、「"Excel"」のような文字データ。ダブルクォーテーションで囲んで指定する。文字列を扱う関数で利用する
論理値	二者択一の指定をするもので「TRUE」、「FALSE」のどちらかを指定する。使い方は関数により異なる

●セル番地の考え方をおさらいする

関数の引数にセル参照を指定する機会はとても多い。そこで、セル範囲におけるセル番地の数え方のルールを再確認しておこう。

一連のセルをまとめた範囲は、記号のコロン「：」を間に挟んで、「始点：終点」の形で指定する。

もう少し詳しく説明しよう。セル範囲には、1列（または1行）のセル範囲と、複数列からなるセル範囲がある。左ページ上の例が前者の場合だ。1列のセル範囲では、一番上のセルが始点となり、一番下のセルが終点となる。したがって、この例では「B2：B5」という表示になる。ちなみに1行のセル範囲の場合は、一番左のセルを始点、一番右のセルを終点として同様に指定する。

左ページ下の例のように複数列・行になったセル範囲の場合は、四角形の対角線で考えよう。セル範囲をドラッグして選ぶとき、長方形の対角線を描くようにドラッグするだろう。それと同じで、複数列のセル範囲では、左上端に当たるセルが始点となり、右下端が終点となる。特に、VLOOKUP関数では、この複数列のセル範囲を必ず指定するため、この考え方を正確に理解しておくことが大切だ。

セル範囲の見方

・1 列のセル範囲の場合

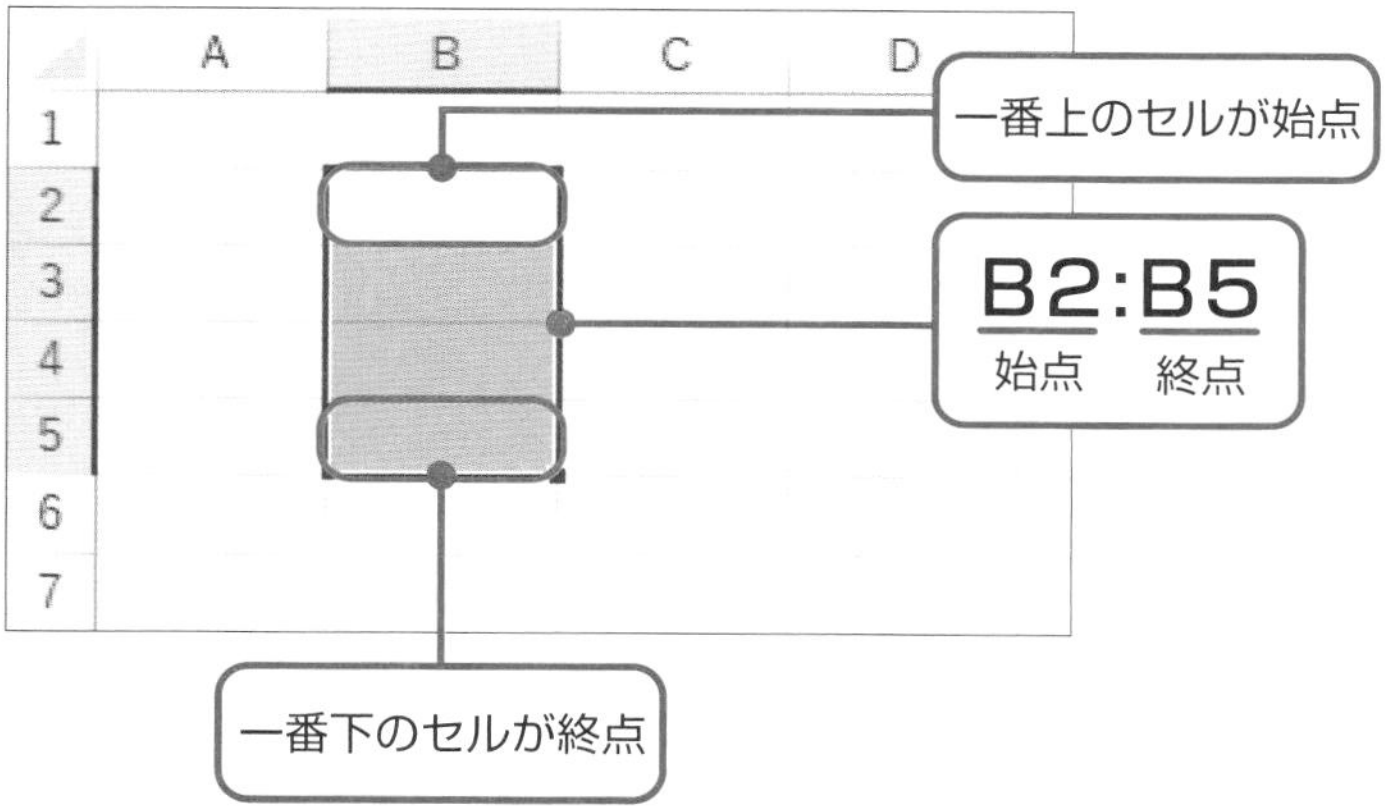

・複数列のセル範囲の場合

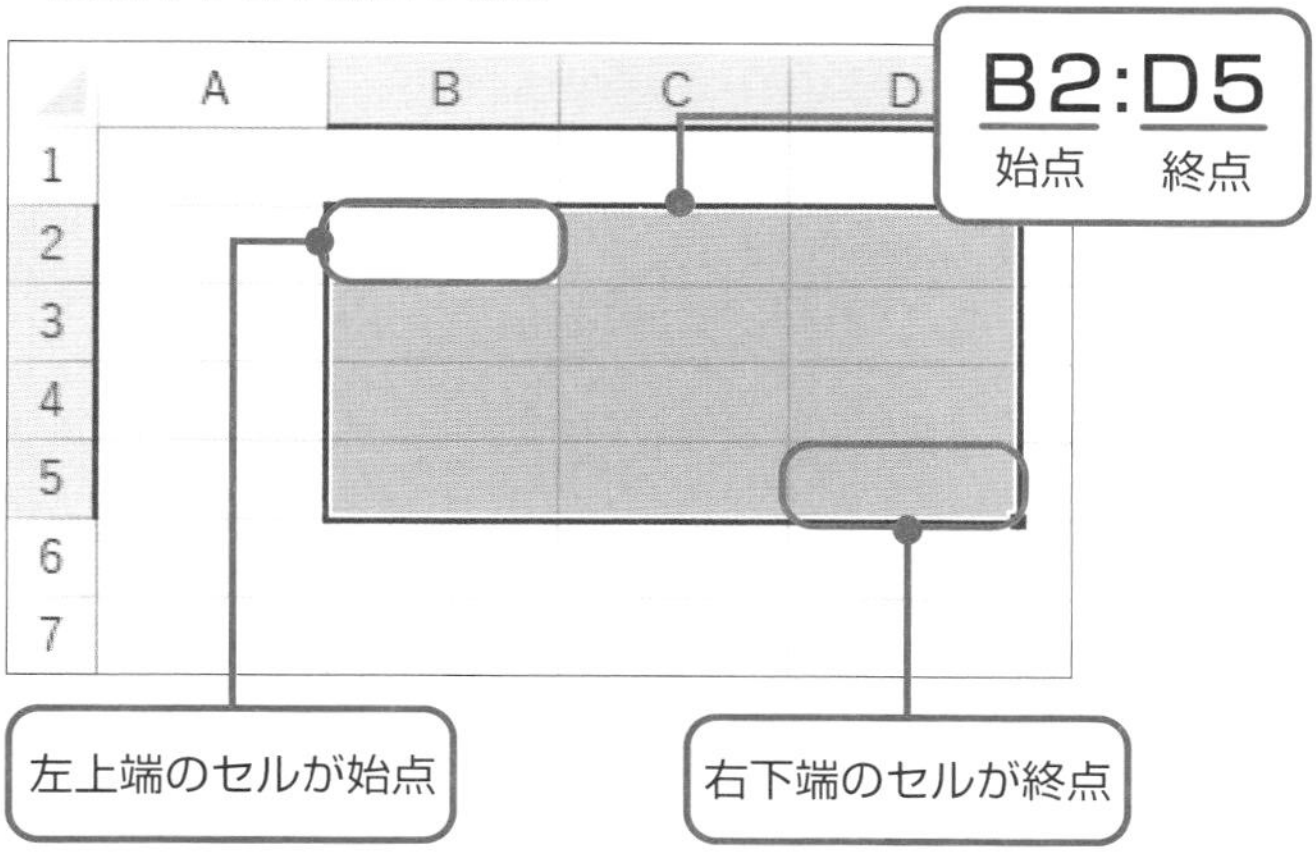

Section 08

セルを指定して関数を使う ～セル参照

●AVERAGE関数を挿入する

では、ここまでの内容を踏まえて実践だ。19ページで使った表の合計の下に、今度は平均を求めてみよう。平均を求めるには、AVERAGE（アベレージ）関数を使う。ここでは、営業1課から営業3課までの売上の平均額を求めよう。

まず平均を表示したいC6セルをクリックしておく。次に、「ホーム」タブの「合計」ボタン右にある▼をクリックすると、「合計」、「最大値」、「数値の個数」といった使用頻度の高い集計の一覧が表示される。この中にある「平均」がAVERAGE関数だ。

これをクリックすると、選択しておいたC6セルにAVERAGE関数の式が表示される。その際、平均を求める対象のセル範囲が点滅する枠で囲まれる。C2からC5までのセル範囲が点滅していることがわかるだろう。このままEnterキーを押すと、AVERAGE関数の式がセルに格納され、求められた平均がセルに表示される。

AVERAGE 関数で平均を求める

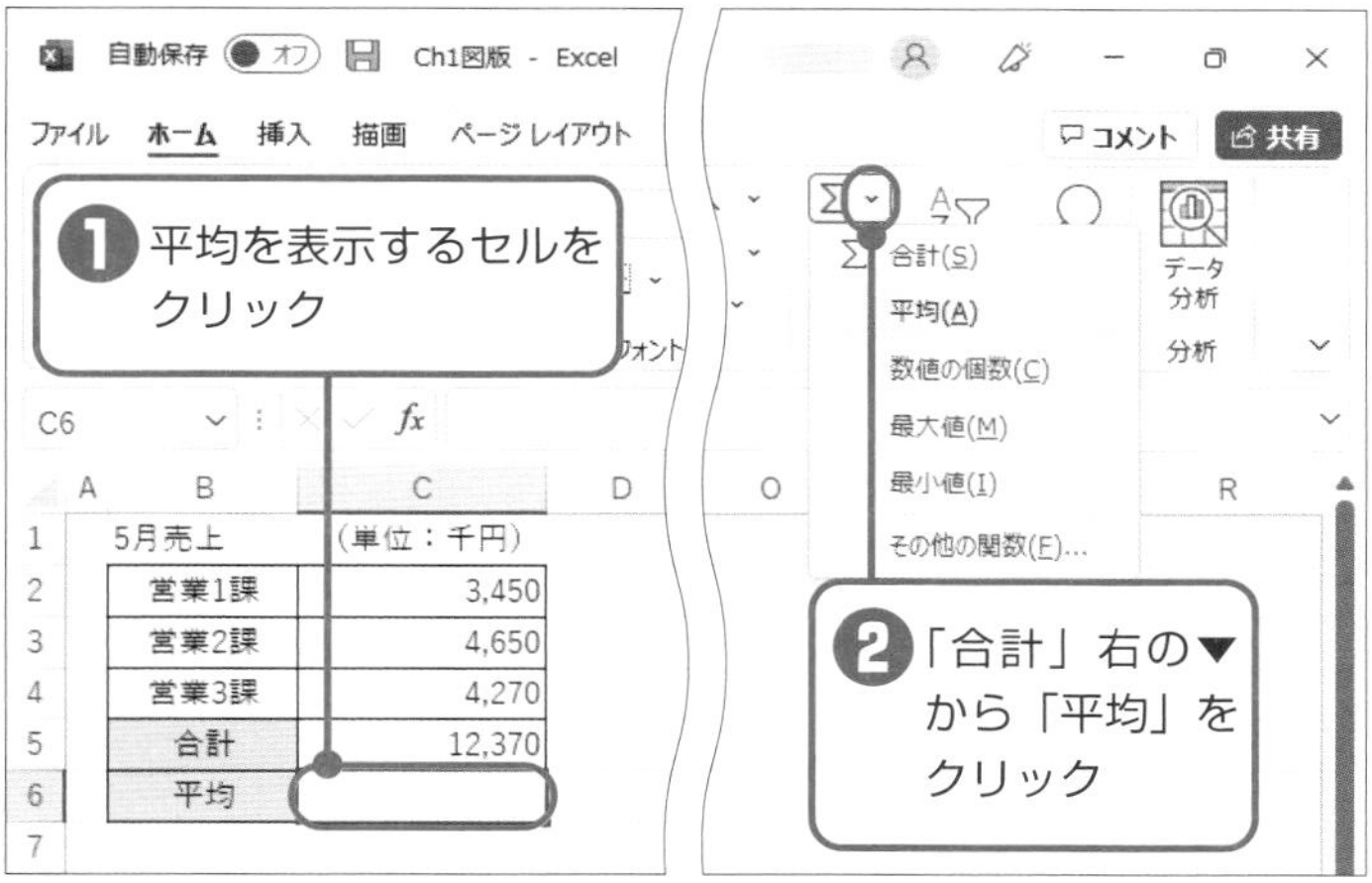

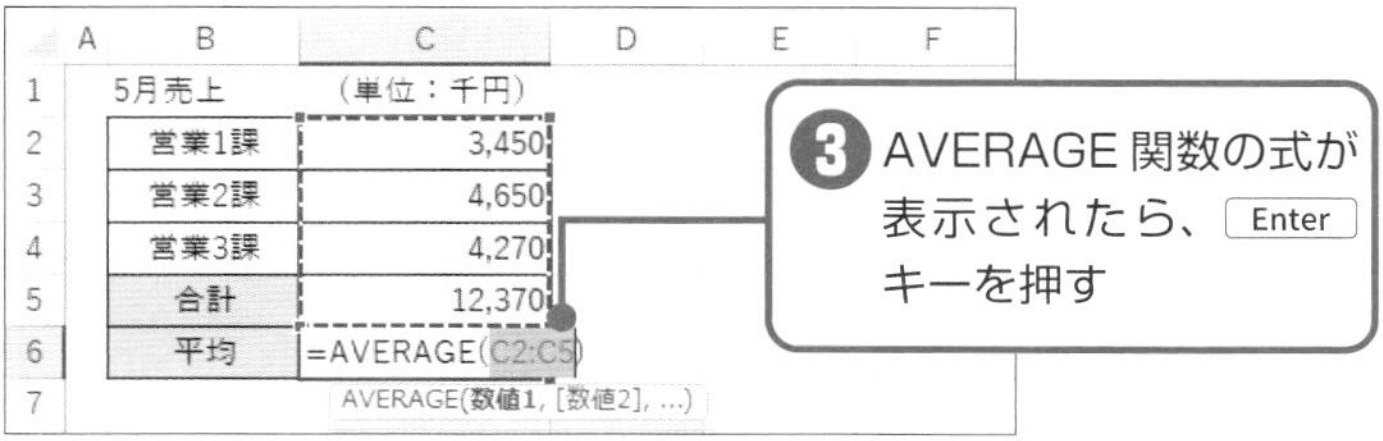

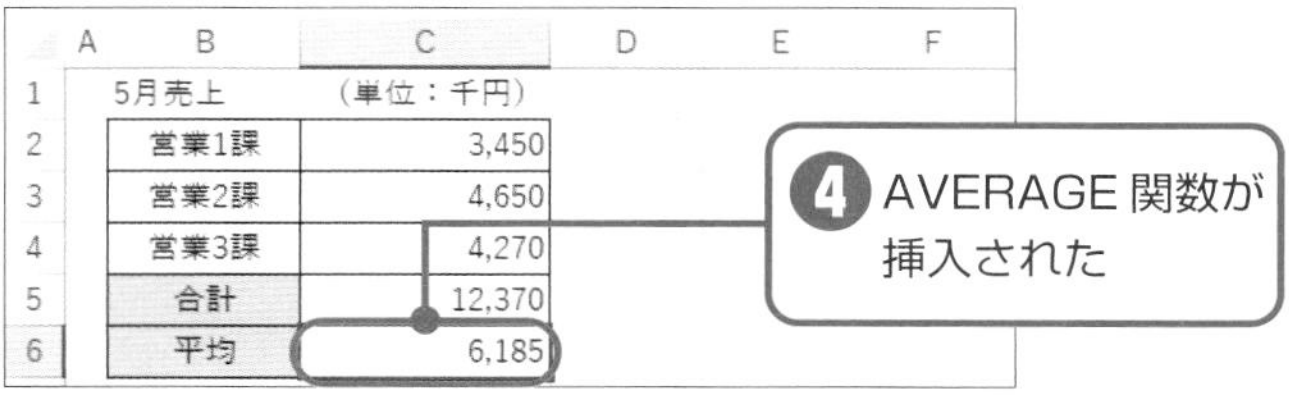

●引数の範囲を誤ると計算結果がおかしくなる

ＡＶＥＲＡＧＥ関数は、スムーズに入力できたわけだが、関数が入力されたC6セルを見ると、「６，１８５」千円と表示されている。ちょっと待ってほしい。営業１課から営業3課までのそれぞれの売上金額は、「３，４５０」、「４，６５０」、「４，２７０」とある。この３つの金額を合計して３で割った数値が平均になるはずだが、それが「６，０００」千円を超えるはずはない。誤った答えが表示されているらしい。

そこで、挿入されたC6セルをクリックして、ＡＶＥＲＡＧＥ関数の中身を確認しよう。ＡＶＥＲＡＧＥ関数の式のカッコ内に表示された引数のセル範囲は「C2:C5」となっている。C5セルとは、ＳＵＭ関数で求めた合計金額が表示されたセルのことだ。つまり、各課の売上金額のセルだけでなく、それらを合計したセルも一緒に、平均を求める対象に指定してしまっているのだ。このように、参照しているセル範囲を誤ると、当然ながら関数の結果も正しくはならない。

平均を求める対象となるセル範囲は、営業１課から営業3課の売上金額になる。セル番地でいうと、C2セルからC4セルまでの範囲だ。したがって、引数には、合計が算出されたC5セルを除外して「C2：C4」と指定すれば、正しい平均が求められる。

AVERAGE 関数の結果が違う？

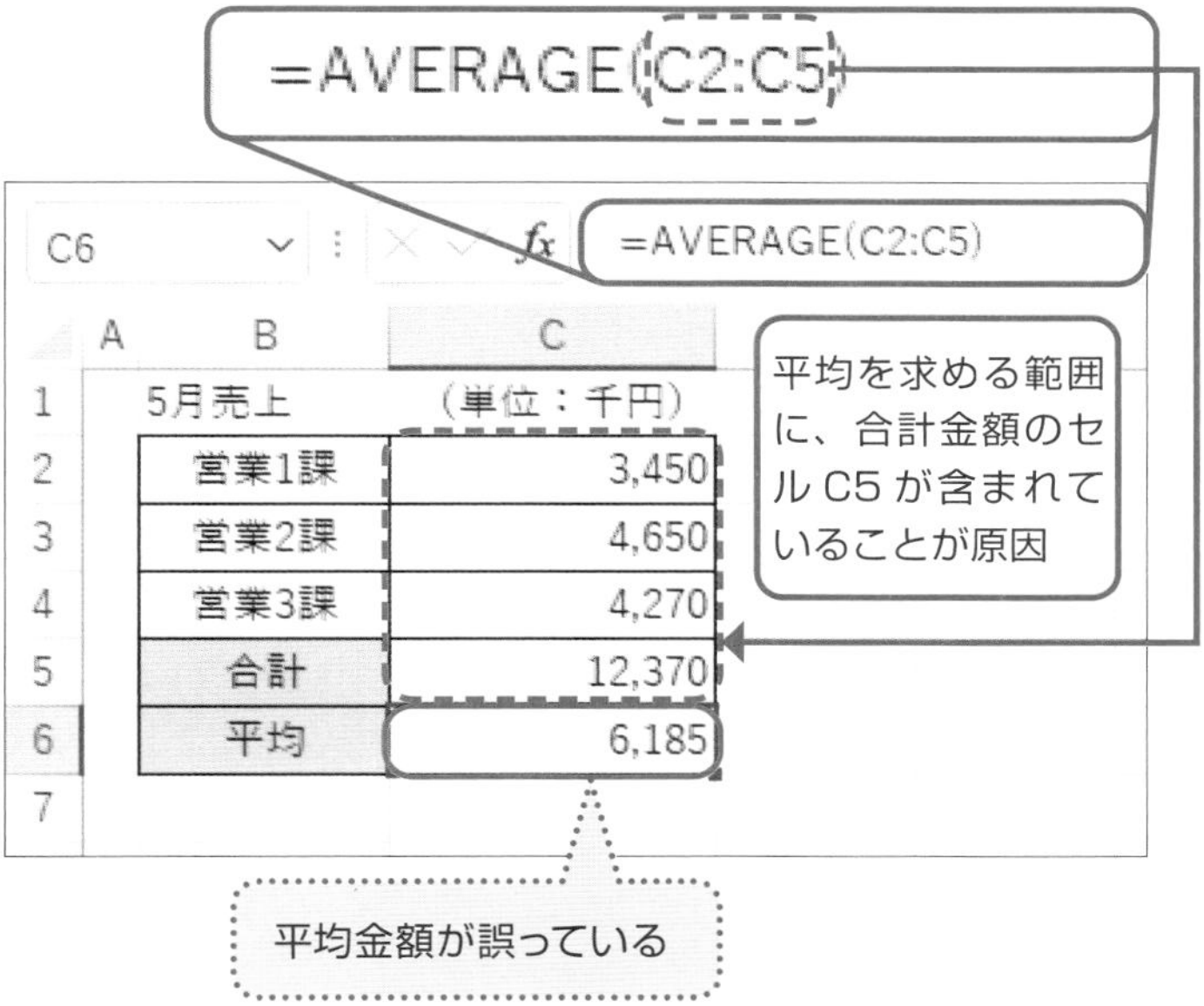

合計金額のセルを除外する

訂正前の式　=AVERAGE（C2：C5）

↓

訂正後の式　=AVERAGE（C2：C4）

●関数の範囲を修正する

では、ＡＶＥＲＡＧＥ関数の引数に指定したセル範囲を修正しよう。挿入した関数の内容を編集するには、「関数の引数」ダイアログボックスをもう一度呼び出す必要がある。そこで、ＡＶＥＲＡＧＥ関数が入力されたC6セルを選んでから、「Ｆｘ」ボタンをクリックすると、「関数の引数」ダイアログボックスが再び開いて、C6セルに挿入されたＡＶＥＲＡＧＥ関数の設定内容が表示される。

ダイアログボックスの「数値１」欄には「C2：C5」と表示されているだろう。いったんここに表示された文字をすべて削除しよう。「数値１」が空欄になったことを確認してから、本来の範囲であるC2からC4までのセル範囲を改めてドラッグすれば、引数のセル範囲を「C2：C4」に正しく変更できる。

「ＯＫ」を選んでダイアログボックスを閉じれば、引数の範囲が訂正され、結果の平均値も「４，１２３」千円と変更されるはずだ。これなら売上金額の平均として妥当な数字になる。

ちなみにC6セルを選んで数式バーをもう一度確認すると、ＡＶＥＲＡＧＥ関数の式の引数が「C2：C4」にきちんと変更されていることがわかる。

引数のセル範囲を修正する

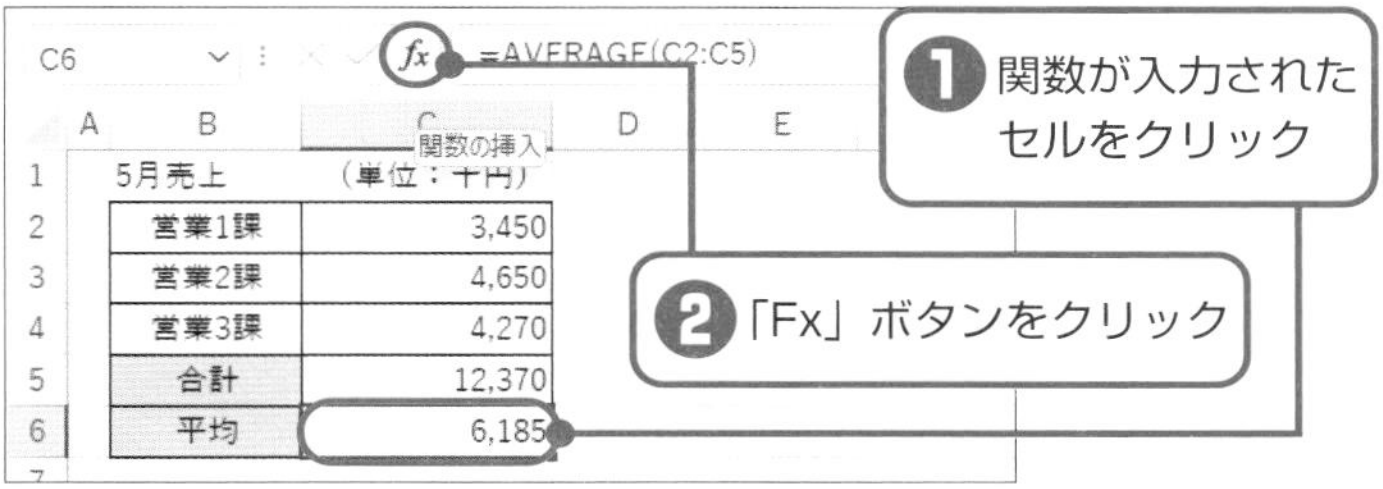

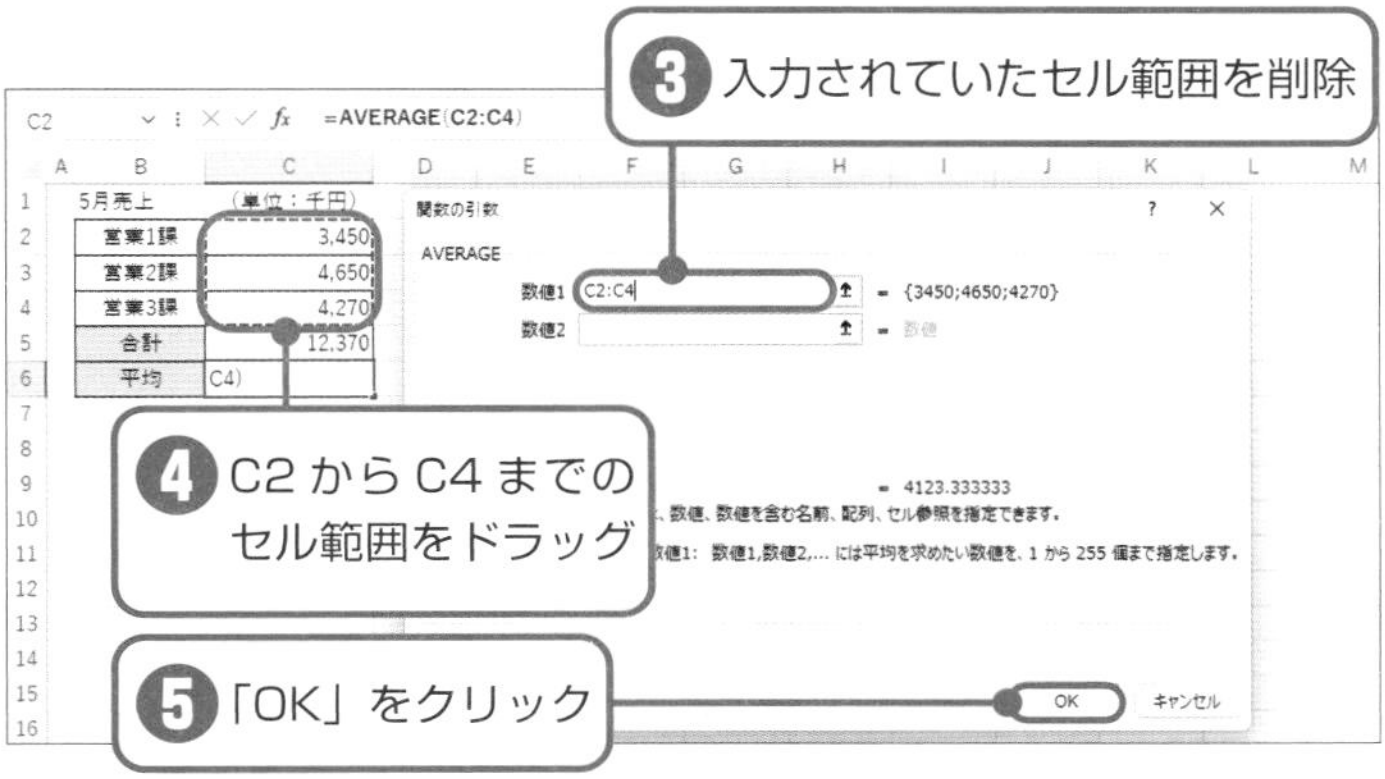

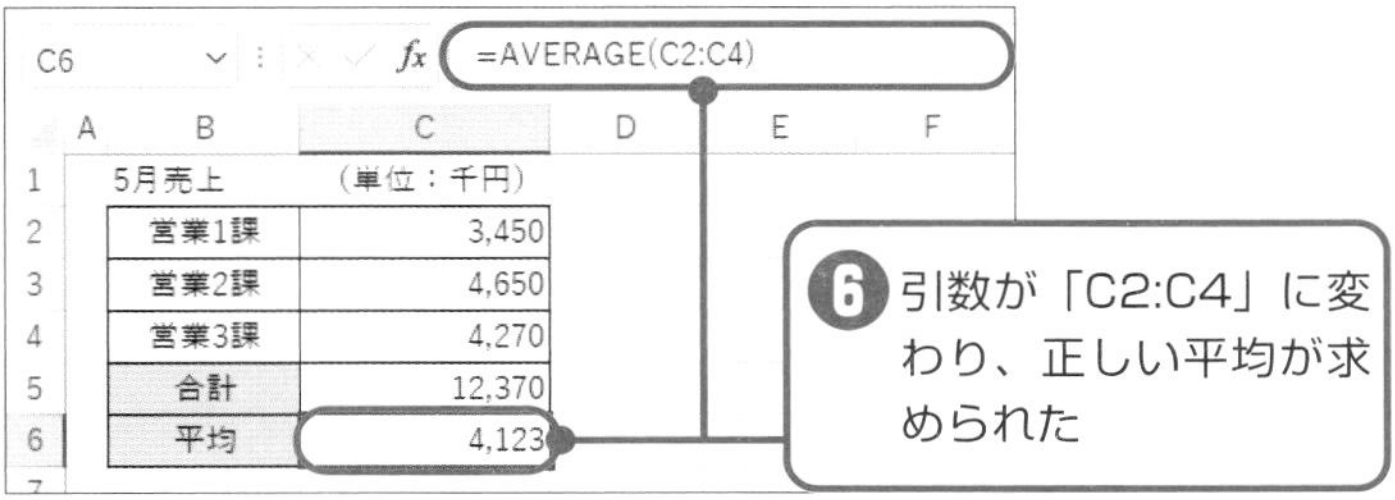

Column

直接入力して範囲を修正する

引数のセル範囲を変更するには、数式バーの中で直接入力して式を編集する方法もある。セルをクリックしたあと、数式バーの中をクリックすると、カーソルが表示される。そのままセル番地の部分を書き換えればよい。引数が少ないSUM関数やAVERAGE関数などでは、このほうが効率よく編集できるだろう。

数式バーで引数の範囲を直接修正する

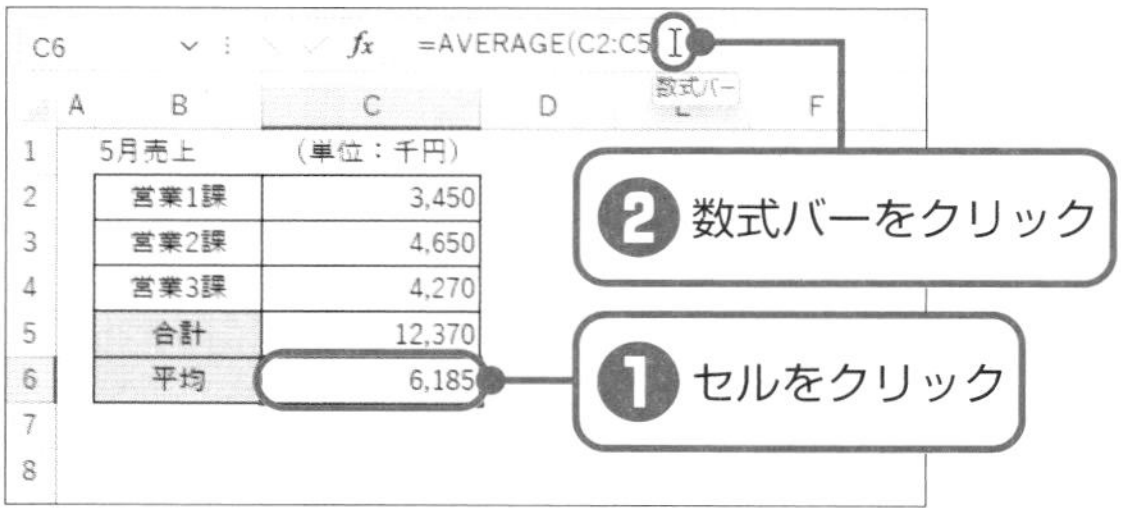

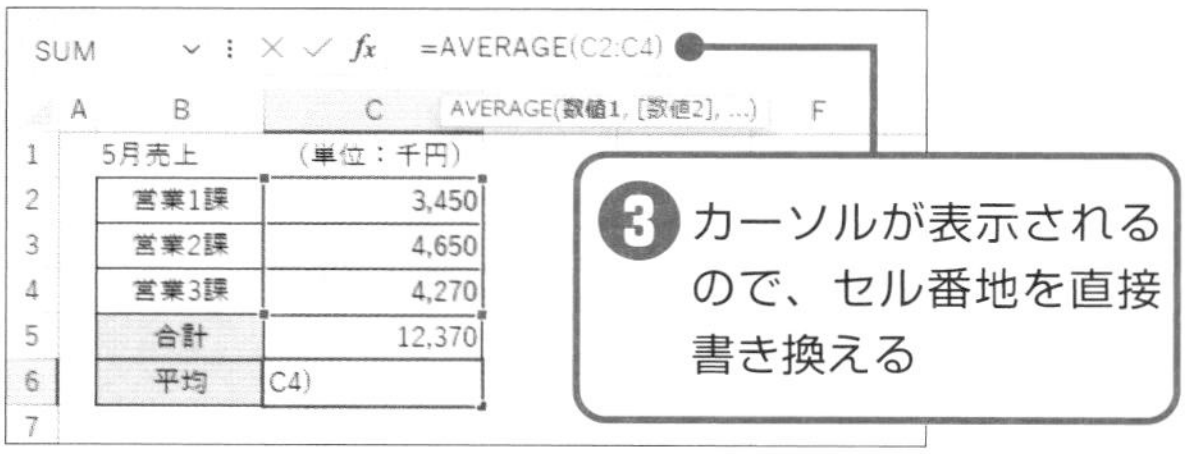

Chapter

2

VLOOKUP関数の基本をマスターしよう

Section 09

VLOOKUP関数のしくみをおさらいする

●VLOOKUP関数のしくみを理解する

この章では、いよいよVLOOKUP関数の話に入ろう。**VLOOKUP関数は、コード番号で管理された一覧表から情報を引き出す関数**だ。最初に、14ページで紹介したVLOOKUP関数の4つの引数についてもう一度復習しておこう。

まず1番目の引数は「検索値」。VLOOKUP関数は、指定したコード番号に該当するデータを検索、表示する関数だ。「検索値」には、商品リストなどから情報を検索するときのキーとなるコード番号を指定する。次に、2番目の引数「範囲」だ。「範囲」とは、商品や社員など関連のある情報をまとめて入力しておいた一覧表のことだ。

3番目の引数「列番号」とは、「範囲」に指定した一覧表の中で、探したい情報が何列目に入力されているかを番号で表したものだ。4番目の引数「検索方法」では、情報を探す際のルールを決める。コード番号を照合して検索する際、完全に一致する内容だけを検索の対象とするかどうかをここで指定する。

VLOOKUP 関数の書式

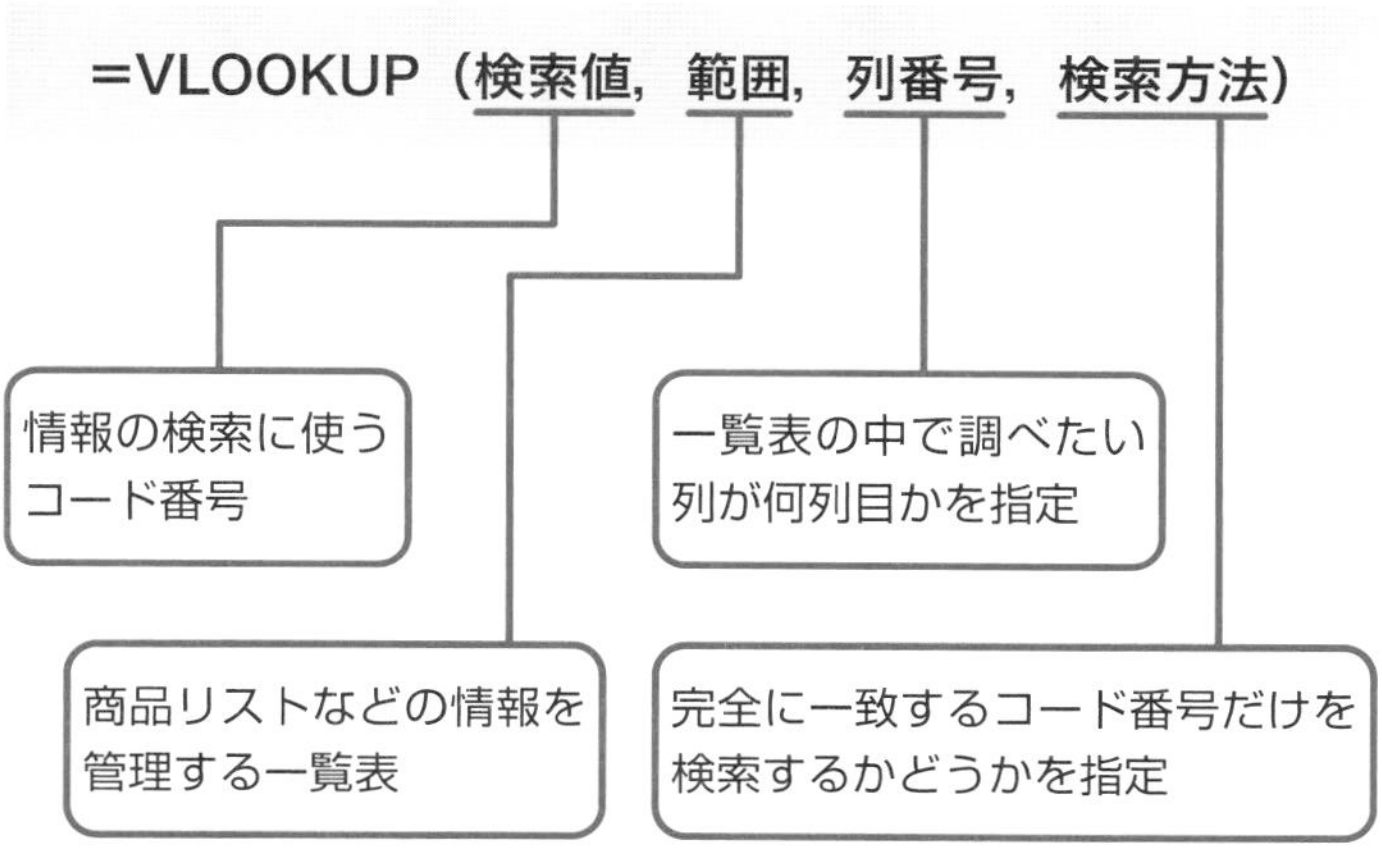

Section 10

「商品検索表」を作って VLOOKUP関数を使う

実際の表でVLOOKUP関数を使用する

この章では、VLOOKUP関数のしくみを理解するために、商品番号をもとに商品名を検索してセルに表示する「商品検索表」を作ってみよう。

左ページの例では、2つの表が用意されている。左が「商品検索表」だ。この表は「商品番号」と「商品名」の2つの欄で構成される。その右にあるのが、「商品リスト」で、これは、扱っている商品の情報をあらかじめ登録しておいた一覧表になる。「商品リスト」には、「商品番号」、「商品名」、「単価」の3つの列がある。

さて、「商品検索表」のB3セルに商品番号を入力すると、C3セルにその商品番号に該当する商品名が自動で表示されるようにしたい。そのためには、C3セルにVLOOKUP関数の式を入力しておく必要がある。では、C3セルに入力したVLOOKUP関数は、どのようにして商品番号から商品名を自動表示させるのだろうか。そのしくみについては、50ページで引き続き解説する。

「商品検索表」のしくみ

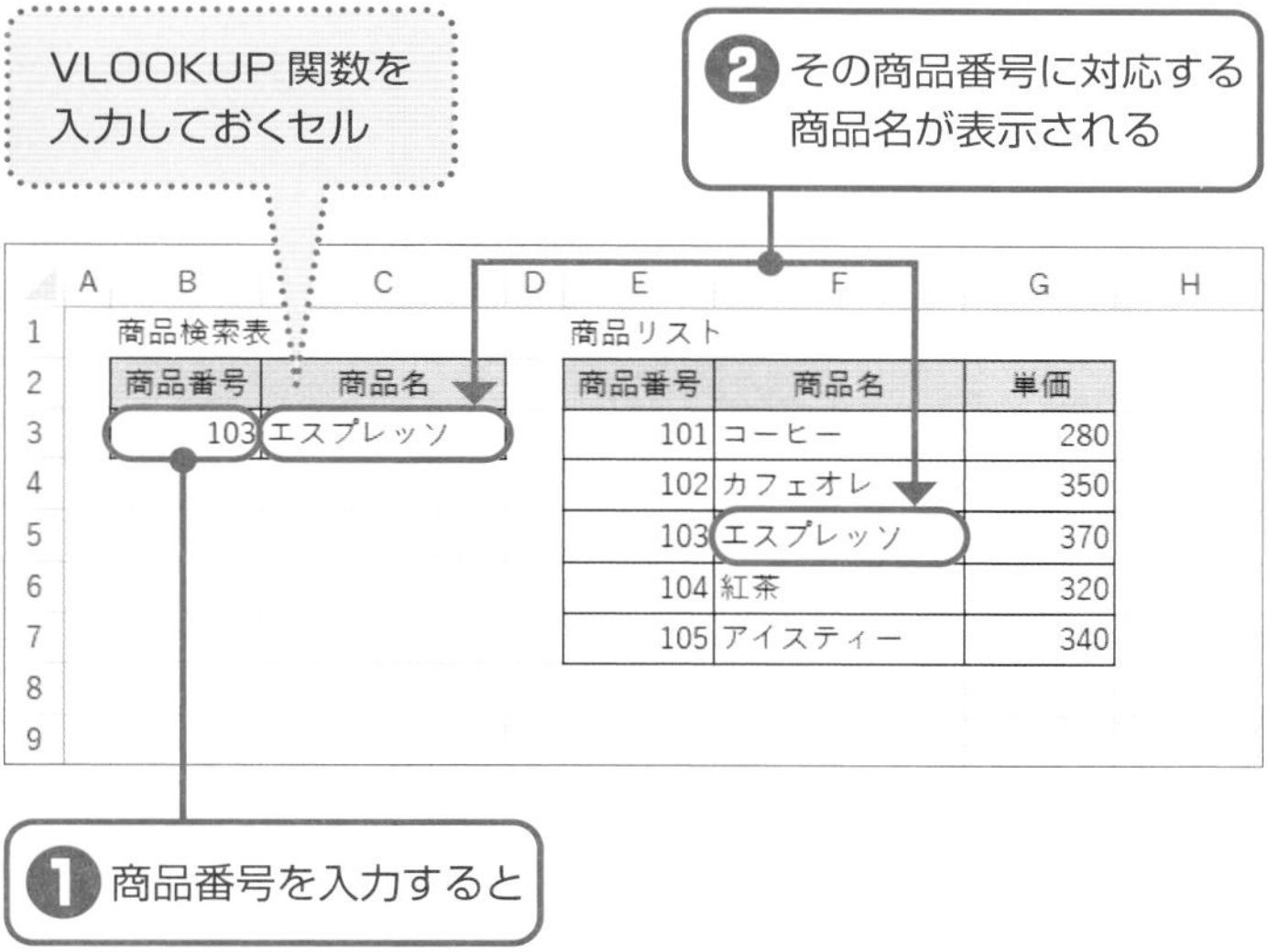

One Point

- 商品番号を入力すると、該当する商品名を自動で表示してくれる商品検索表を作る
- 商品名を表示したいセルには、VLOOKUP 関数を入力する

●商品番号から商品名を検索する

引き続き、左ページの図を見ながら、ＶＬＯＯＫＵＰ関数がどのような流れで表から商品名を検索するのかを追ってみよう。

まず、「商品検索表」のB3セルに、検索に使う「商品番号」を入力する。すると、この番号をキーにして、ＶＬＯＯＫＵＰ関数は、右の「商品リスト」の中から、同じ「商品番号」を探そうとする。このとき、「商品リスト」の行を上から順に検索機能が働き、同じ「商品番号」を見つけたら、その行で検索がストップする。

実際の例で確認しよう。B3セルには「１０３」と商品番号が入力されている。ＶＬＯＯＫＵＰ関数は、この「１０３」を「商品リスト」のE列にある「商品番号」の列で検索する。上から順に、「１０１」、「１０２」…と検索が実行され、「１０３」が見つかった時点で検索は終了だ。

続けて、「１０３」の行で、左から数えて2列目のセルを探す。ここでは、商品名が「エスプレッソ」と表示されたF5セルがそれに当たる。このF5セルの内容がＶＬＯＯＫＵＰ関数の戻り値として、C3セルに表示されるしくみだ。

「商品番号」をもとに「商品リスト」から「商品名」を検索

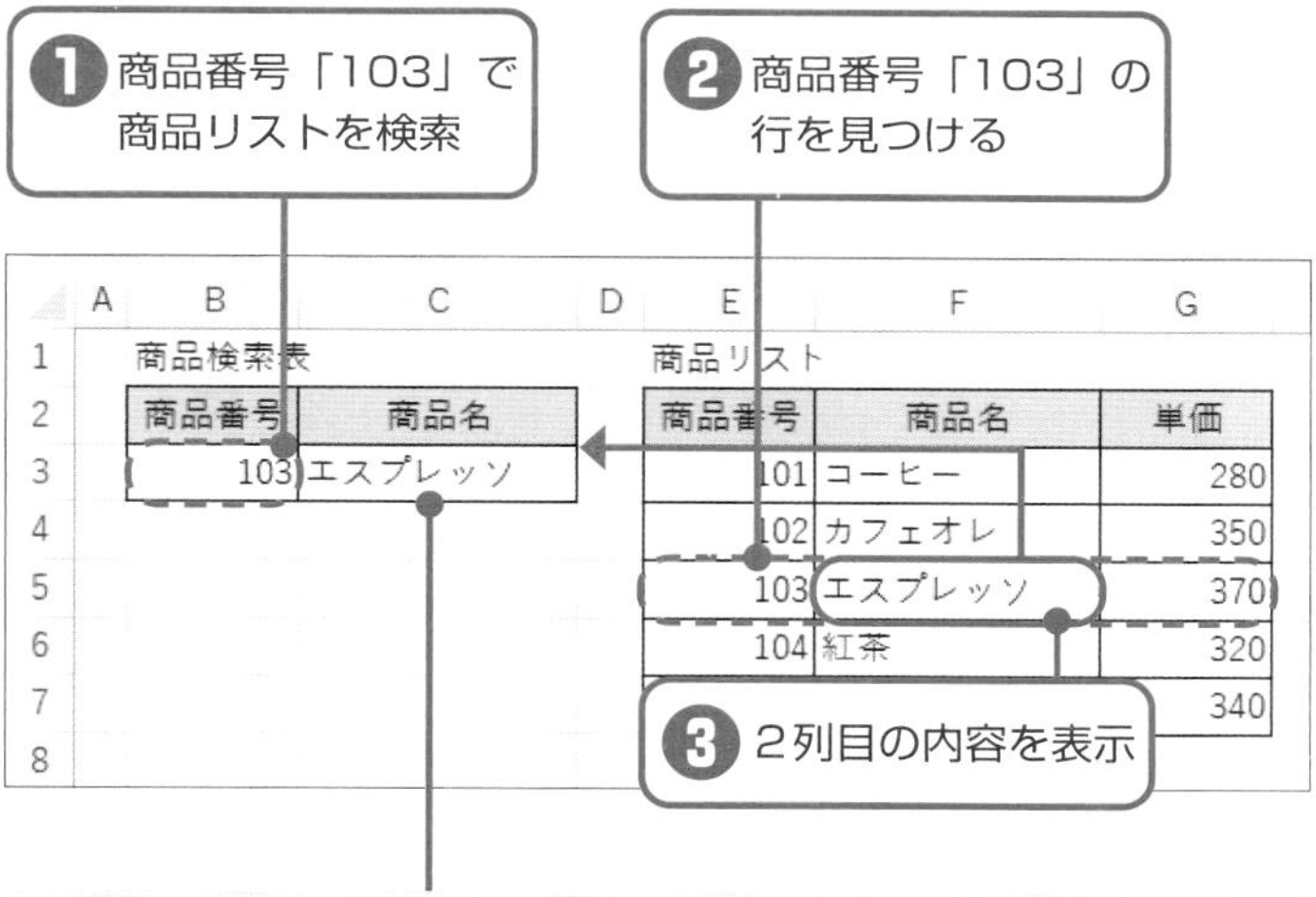

=VLOOKUP(B3 , E3:G7 , 2 , FALSE)

One Point

➔ 商品リストから商品名を検索する手順

①入力した商品番号で商品リストを検索
②同じ商品番号がある行を検索
③２列目（商品名）のデータを戻り値として表示

Section 11

どんなデータを使って検索するか考える
～検索値

どこに入力したデータを基準に検索するのか？

ここからはＶＬＯＯＫＵＰ関数のそれぞれの引数について個別に見ていこう。

まずは、最初の引数「検索値」だ。**「検索値」とは、別表からデータを検索する際にキーとなるコード番号のこと**だ。通常は、「１０３」のように数値を直接指定するのではなく、コードが入力されたセルを参照するように指定する。

ＶＬＯＯＫＵＰ関数は、「検索値」に指定されたセルを見て、そこに入力されたコード番号を、用意された一覧表の中から探す。そして、見つかったら、そのコード番号が存在する行全体を取り出す。つまり、「検索値」の役割は、探したいコード番号が入力されている「行」を見つけ出すことなのだ。

左ページの図で確認しよう。「商品検索表」の「商品番号」にはコード番号が「１０３」と入力されている。ＶＬＯＯＫＵＰ関数は、この「１０３」が「商品リスト」の中に存在するかどうかを検索する。すると「１０３」は、表の3行目にあるため、見つかった3行目全体を、次の作業の対象としてピックアップするわけだ。

「検索値」のコード番号を一覧表で探す

商品検索表

商品番号	商品名
103	エスプレッソ

商品リスト

商品番号	商品名	単価
101	コーヒー	280
102	カフェオレ	350
103	エスプレッソ	370
104	紅茶	320
105	アイスティー	340

「検索値」のコード番号が存在する行を一覧表から探す

●検索値を指定するときの注意

「検索値」は、別表からデータを検索する際に、キーとなるコード番号が入力されたセルのことだ。いわゆる「商品番号」とか「社員番号」といった項目の入力欄を指定すればよい。したがって、左ページの例では、B3セルが「検索値」に指定されている。

ところが左ページの例をよく見ると、コード番号の場所はもう1つある。「商品リスト」の「商品番号」という列だ。そのため、うっかり「商品リスト」の方の「商品番号」を「検索値」に指定する間違いが、VLOOKUP関数ではとても多いのだ。

これを避けるため、次のルールをしっかりと頭に入れておこう。**「検索値」には、VLOOKUP関数を入力するセルと同じ表にあるコード番号のセルを指定**する。これが検索値の鉄則だ。データの検索先となる一覧表にもコード番号の列は存在するが、こちらを「検索値」に指定してはいけない。

左ページの例では、VLOOKUP関数が入力されているのはC3セルだ。したがって「商品検索表」の中にある「商品番号」のセル、つまりB3セルを「検索値」に指定する。うっかり「商品リスト」にある「商品番号」のセルを指定しないよう注意したい。

「検索値」に指定する商品番号はどっち？

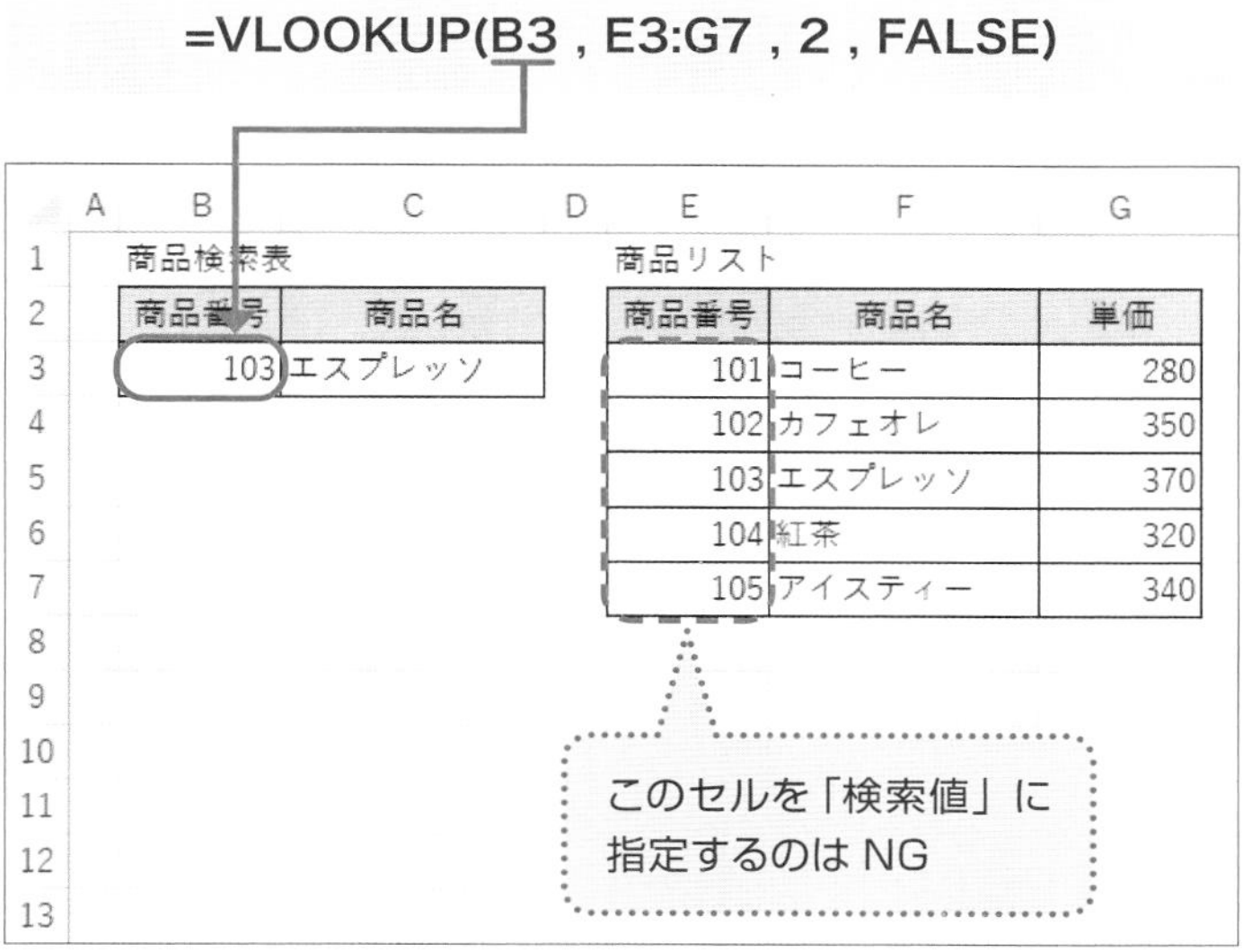

One Point

➔ 「検索値」に指定するのは、VLOOKUP 関数を入力するセルと同じ表にあるコード番号のセル

Section 12

どの表からデータを検索するか決める ～範囲

検索する範囲を定める

ＶＬＯＯＫＵＰ関数の2番目の引数は「範囲」だ。**「範囲」には、商品リストや社員名簿といった一覧表のセル範囲を指定**する。ＶＬＯＯＫＵＰ関数では、この「範囲」の表の中から、商品名や単価といった関連情報を検索するわけだ。

検索のキーとなるのはコード番号だ。ＶＬＯＯＫＵＰ関数では、商品番号や社員番号といったコード番号を指定して、そのコード番号が「範囲」の一覧表に存在するかどうかを調べ、存在する場合は何行目なのかを判定する。この検索と判定の作業は、表の1行目から下の行へと1行ずつ移動しながら行われる。

左ページの例を見てほしい。「商品番号」が「１０３」の商品を探すように指示されたとしよう。するとエクセルは「商品リスト」の「商品番号」列を、上から順に照合してゆく。この例では、3行目が「１０３」であるため、3行目でこの検索作業は終了。そして商品番号「１０３」の行が抜き出され、次の引数「列番号」に仕事を譲る、という流れになる。

商品番号で「範囲」からデータを検索する流れ

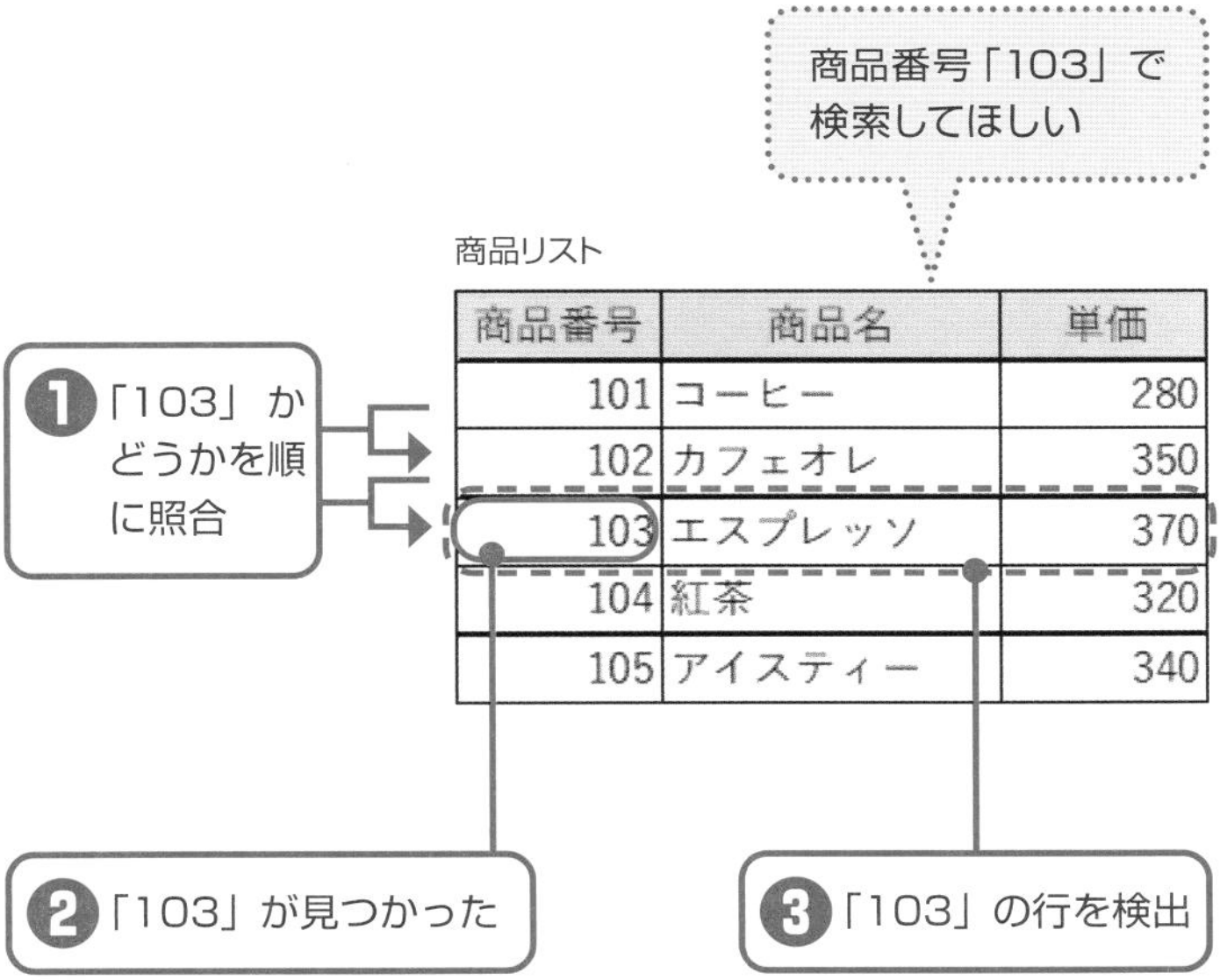

商品番号	商品名	単価
101	コーヒー	280
102	カフェオレ	350
103	エスプレッソ	370
104	紅茶	320
105	アイスティー	340

One Point

- 2番目の引数「範囲」には、検索したいデータが含まれている一覧表のセル範囲を指定する
- VLOOKUP関数は、一覧表の中で、「検索値」に指定されたコード番号に合致する行を探す

検索する値は範囲の左端列にあることが鉄則

　ここで、引数「範囲」の表をシートに用意する際に、重要な注意事項がある。

　それは、コード番号の存在だ。ＶＬＯＯＫＵＰ関数は、コード番号をキーにして検索を実行する。そのため、「範囲」の一覧表の中にもコード番号の列は必須になる。コード番号の列がなければ、そもそも探しようがないからだ。したがって、「範囲」の一覧表に入力された各行のデータは、「型番」や「商品番号」といったコード番号を付けて日ごろから情報が管理されている必要がある。

　そして、コード番号の列は、位置も重要だ。実は、ＶＬＯＯＫＵＰ関数は、「範囲」の一覧表からコード番号を検索する際、左端の列しか調べてくれない特徴がある。そのため、**コード番号の列は、あらかじめ「範囲」の表の左端に配置する**必要があるのだ。

　左ページを見てほしい。上の一覧表は、「商品番号」の列が左端にあるため、「商品番号」を「検索値」にしたＶＬＯＯＫＵＰ関数では、正常に検索が行われる。ところが、下の一覧表では、左端の列が「分類」になっている。このように、引数「検索値」に指定したコード番号の列が左端にない表では、ＶＬＯＯＫＵＰ関数は正しく機能しないので要注意だ。

検索値が入力されている場所に注意

・よい例：コード番号が左端列にある　○

商品リスト

商品番号	商品名	単価
101	コーヒー	280
102	カフェオレ	350
103	エスプレッソ	370
104	紅茶	320
105	アイスティー	340

「検索値」のコード番号が検索される

・悪い例：コード番号が左端列にない　×

商品リスト

分類	商品番号	商品名	単価
コーヒー	101	コーヒー	280
コーヒー	102	カフェオレ	350
コーヒー	103	エスプレッソ	370
紅茶	104	紅茶	320
紅茶	105	アイスティー	340

２列目では「検索値」のコード番号を検索できない

「範囲」となる表を指定する

では、実際のシートでは、引数「範囲」をどのように指定すればよいだろうか。

左ページの例では、C3セルにＶＬＯＯＫＵＰ関数が入力されている。この関数の式の中では、B3セルに入力した「商品番号」に該当する「商品名」を、「商品リスト」から検索して表示させようとしている例だ。

このＶＬＯＯＫＵＰ関数の2番目の引数「範囲」には、「E3：G7」と指定されている。これは、「商品リスト」の実データが入力されたセルの範囲になる。「商品リスト」の表はE2セルから始まっているが、「範囲」には実際に検索されるデータ部分のみを指定すればこと足りる。そのため、列見出し部分のセルは除外しているのだ。

なお、セル番地の間に挟まれている**記号のコロン「：」は、一続きになったセル範囲**を表す。これは、関数全般の基本ルールを解説した32ページでも述べた通りだ。したがって、「E3：G7」と書いて、「E3セルからG7セルまでの範囲」という指定になる。

なお、ＶＬＯＯＫＵＰ関数を入力する表とは別のシートに、範囲として指定したい一覧表が作成されている場合も多いだろう。これについては、118ページで説明する。

列見出しを除いたデータ部分のみを範囲指定

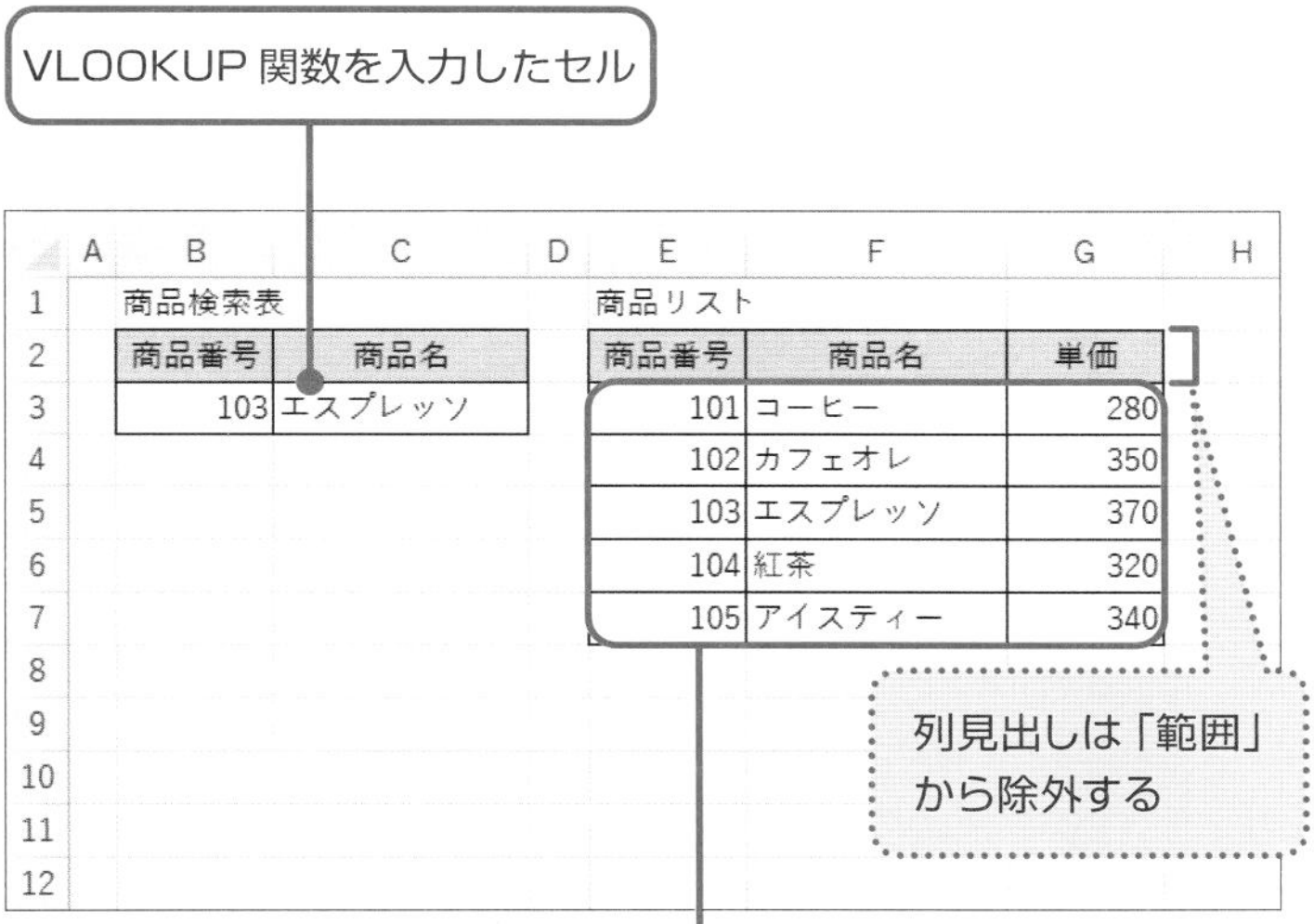

=VLOOKUP(B3 , E3:G7 , 2 , FALSE)

One Point

➔ 一覧表を「範囲」に指定する際、列見出しは除外してセル範囲を指定する

Section 13

知りたい値がある列を指定する ～列番号

どの「列」のデータを戻り値にするのか？

続けて、3番目の引数「列番号」の指定方法を理解しよう。左ページの例では、C3セルにVLOOKUP関数が入力され、「エスプレッソ」と表示されている。これは、B3セルに入力した「商品番号」をもとに、該当する「商品名」を「商品リスト」から検索した結果になる。これを実現するには、「列番号」が重要になるのだ。

最初の引数「検索値」に指定したコード番号をもとにして「商品リスト」から情報を検索するところまでは、前半の2つの引数「検索値」と「範囲」で実現済みだ。「範囲」の表は複数の列からなるため、何列目のセルの情報を戻り値とするのかを指定しなければならない。これが「列番号」だ。

「列番号」には、戻り値としてセルに表示したい内容が、「範囲」の一覧表の何列目にあるのかを数字で指定する。数字は、「範囲」の一覧表の列を左から数える。「商品リスト」の「商品名」は2列目にあるので、ここでは「2」と入力すればよい。

範囲の中で左から何列目かを数字で指定

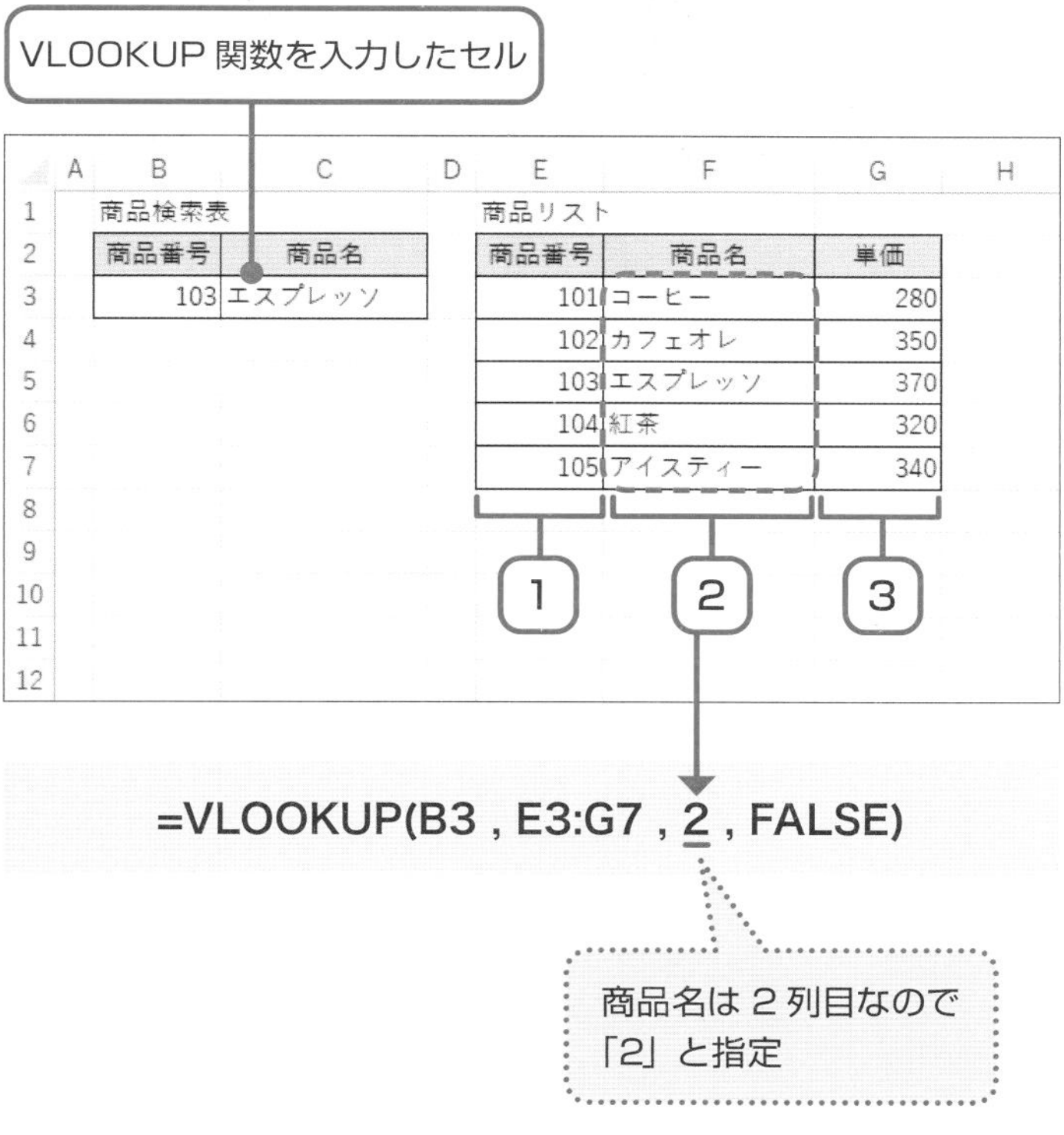

One Point

「列番号」には、一覧表の何列目に検索したい内容があるかを数字で指定する

Section 14

「ＴＲＵＥ」と「ＦＡＬＳＥ」って何？ ～検索方法

どんな方法で検索するのか考える

最後の引数「検索方法」には、「ＦＡＬＳＥ」または「ＴＲＵＥ」という「論理値」を指定する。論理値とは、「Ａの場合は『ＦＡＬＳＥ』と入力し、Ｂの場合は『ＴＲＵＥ』と入力する」といった二者択一の引数を指定するときに使われる特殊な言葉のことだ。ＶＬＯＯＫＵＰ関数では、**「検索値」のコード番号と完全に一致する内容を探す場合は「ＦＡＬＳＥ」、そうではない場合は「ＴＲＵＥ」を指定**しよう。

具体的にはこうだ。社員番号や商品番号は、一文字でも異なると別の情報を指してしまう。このように検索する際に同一のコード番号だけを検索の対象としたい場合は、「検索方法」に「ＦＡＬＳＥ」を指定する。

一方、「ＴＲＵＥ」は、幅を持たせて検索したい場合に使う。「幅」というのは、数値の大きさの幅のこと。コード番号は数字であることが多いため、これを数値として見たときの大小関係をもとに検索を行う場合に「ＴＲＵＥ」を使う（68ページ参照）。

コード番号が完全に一致するものだけを検索するかどうかを指定

値	意味・使い方
FALSE	完全一致で探す 同一の「コード番号」だけを検索の結果として使う (例)「商品番号」から商品の「商品名」、「単価」を検索する
TRUE	幅を持たせて検索する 「コード番号」が数字としての大小から、どのグループに含まれるかを検索する (例)「『商品番号』が100番台なら『筆記用具』」のように「商品分類」を求める(68ページ参照)

One Point

「検索方法」には、完全に一致するコード番号だけを検索対象とする場合は「FALSE」、コード番号の数値の大小を基準に検索する場合は「TRUE」と指定する

●業務で使う99％は「ＦＡＬＳＥ」

一般的な検索では４番目の引数「検索方法」に「ＦＡＬＳＥ」を指定する。

「ＦＡＬＳＥ」を指定するのは、会員番号、社員番号、商品番号などを検索する場合だ。これらのコード番号は、１文字でも違うと別の社員や製品の情報を参照してしまう。したがって、検索する場合は、完全に同一のコード番号だけをＶＬＯＯＫＵＰ関数の対象としなければ、正しく情報を引き出すことはできない。

このように、**コード番号と完全に一致するものに限定して検索をさせたい場合は「検索方法」に「ＦＡＬＳＥ」を指定**しよう。左ページの「商品検索表」でも、B3セルに指定した「商品番号」と完全に一致する商品番号を「商品リスト」の中から探したいため、「検索方法」には「ＦＡＬＳＥ」を指定している。

一般的な業務で使われるＶＬＯＯＫＵＰ関数は、ほとんどの場合、今述べたような使われ方をしている。そのため、読者諸氏が遭遇するＶＬＯＯＫＵＰ関数のうち、99％は「検索方法」に「ＦＡＬＳＥ」を指定すると思って間違いないだろう。

完全に一致するコード番号だけを検索する

=VLOOKUP(B3 , E3:G7 , 2 , FALSE)

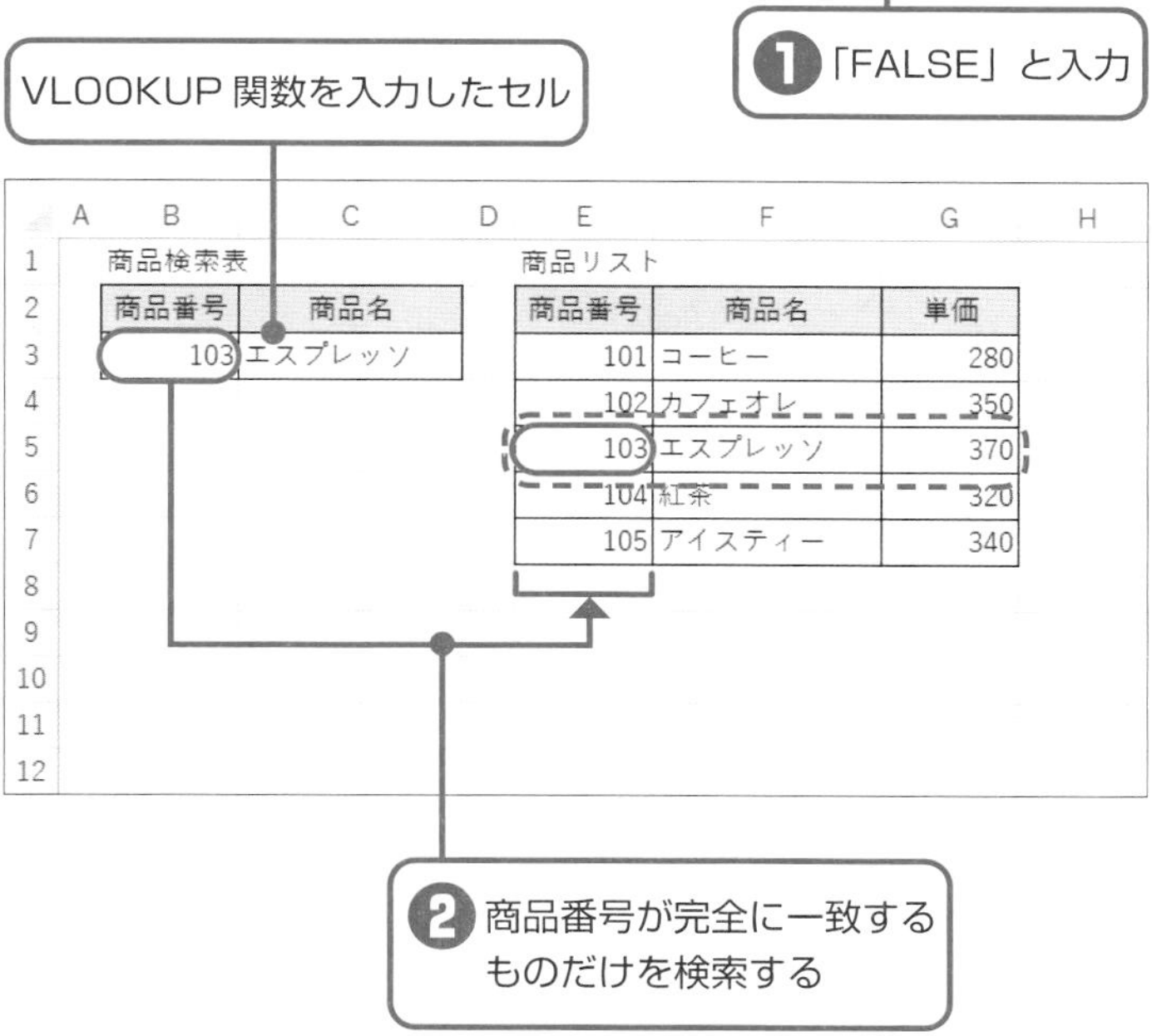

●「ＴＲＵＥ」は検索値の大きさで検索する

では、使用頻度が低い「ＴＲＵＥ」とは、一体どういう場合に使うのだろうか。

左ページの「分類検索表」では、C3セルにＶＬＯＯＫＵＰ関数を入力して、B3セルに入力した「商品番号」に該当する商品の「分類」を表示している。分類は、右の「文房具の分類一覧表」から検索する。つまり、B3セルが「検索値」で、E3からF5セルが「範囲」になるわけだ。ところが、B3セルの商品番号は「２０１」だが、Ｅ列に入力された「商品番号」は、「１００」、「２００」のように１００番おきの番号になっている。ここで、「検索方法」に「ＴＲＵＥ」を指定する。

「検索方法」に「ＴＲＵＥ」を指定すると、「検索値」のコード番号を「範囲」内のコード番号と比較する際、数値としての大小を調べる。その結果、B3セルの「検索値」が「１００以上２００未満」であれば最初の行が、「２００以上３００未満」であればその次の行が、といったルールで検索される。この例では、B3セルには「２０１」という商品番号が入力されているため、E4からF4セルの行が検出され、C3セルには「伝票類」と表示されるのだ。

この探し方は、商品が区分されるグループなどを求めたいときに利用できる。

「TRUE」では、「検索値」のコード番号の「大きさ」を比較

=VLOOKUP(B3 , E3:F5 , 2 , TRUE)

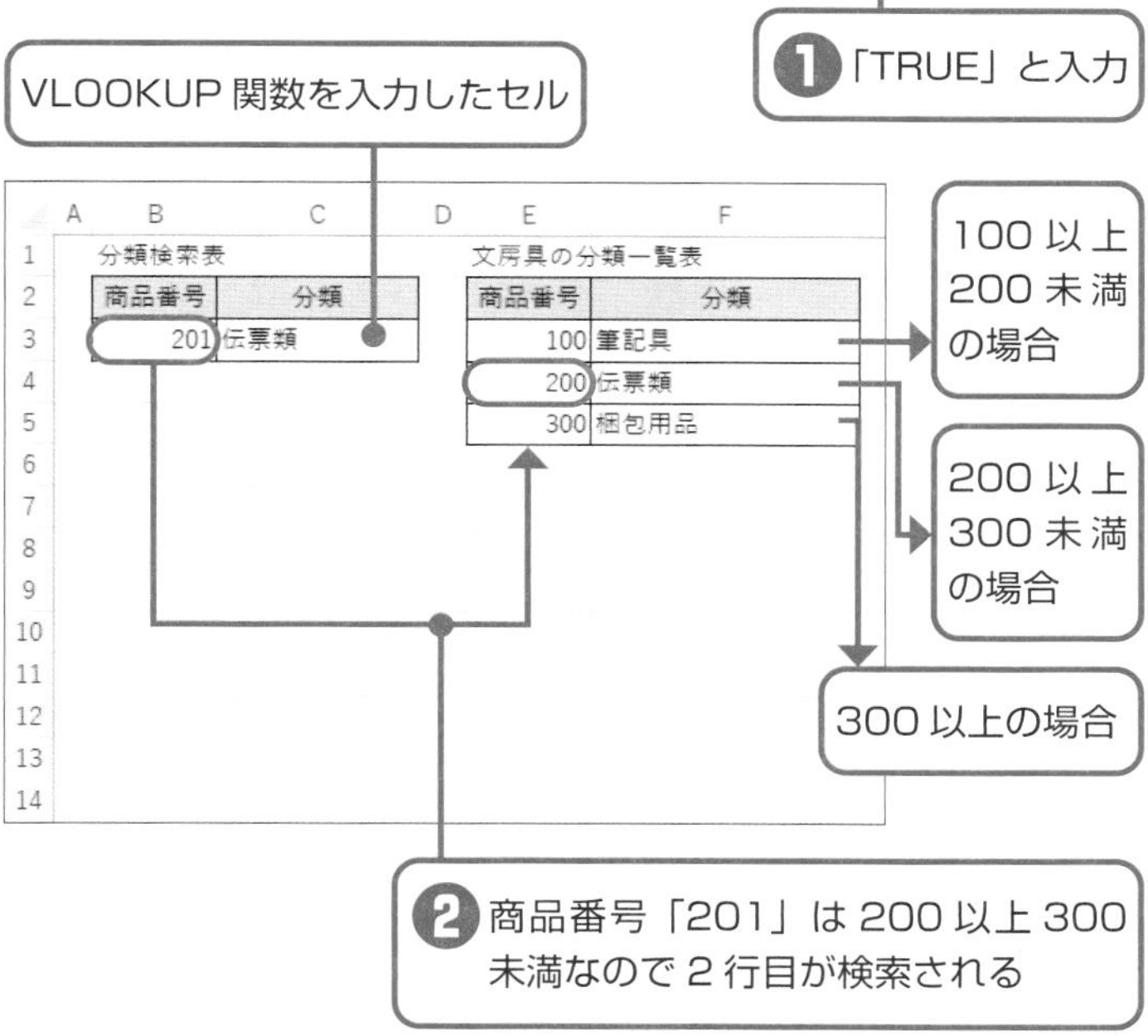

Section 15

実際にVLOOKUP関数を入力してみる

VLOOKUP関数を挿入する

ここまでVLOOKUP関数の引数について、解説してきた。それでは、復習を兼ねて実践だ。「商品検索表」にVLOOKUP関数の式を挿入して、B3セルに指定された「商品番号」に対応する「商品名」を、「商品リスト」の中から検索してみよう。まずは、VLOOKUP関数を挿入して商品名を表示させたいセル、つまりC3セルを選択する。次に、**数式バーの左にある「F×」ボタンをクリック**して、表示される「関数の挿入」ダイアログボックスで、VLOOKUP関数を検索しよう。

関数を検索する際、「関数の検索」欄に入力する関数の名前は、大文字・小文字どちらでかまわない。検索の結果、表示された「VLOOKUP」を選んで「OK」ボタンをクリックすると、今度は「関数の引数」ダイアログボックスが開く。このダイアログボックスは、選択した関数について、詳しい設定をするためのものだ。

VLOOKUP 関数を挿入する

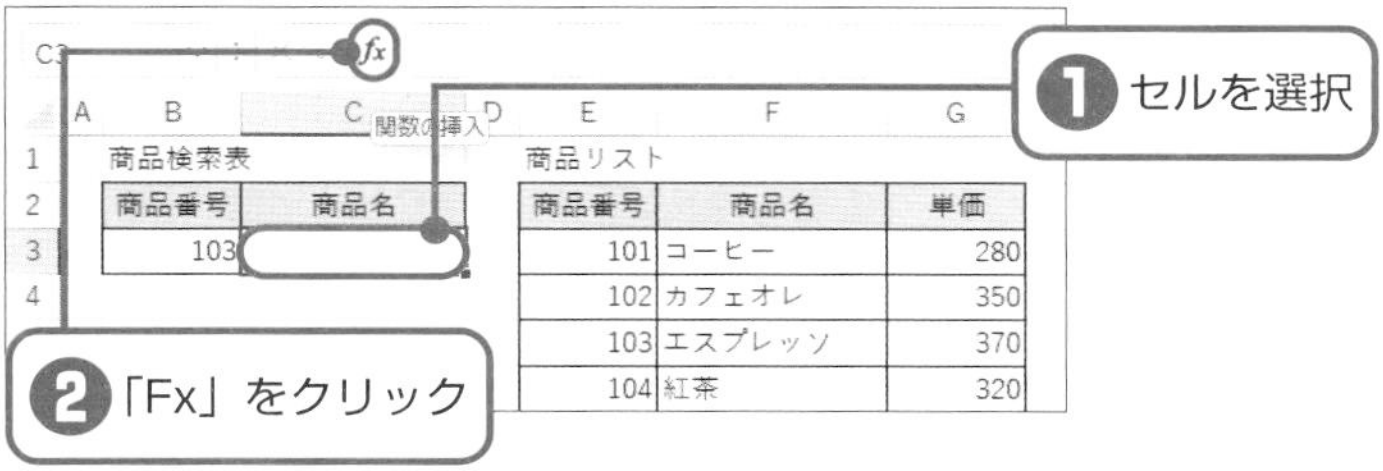

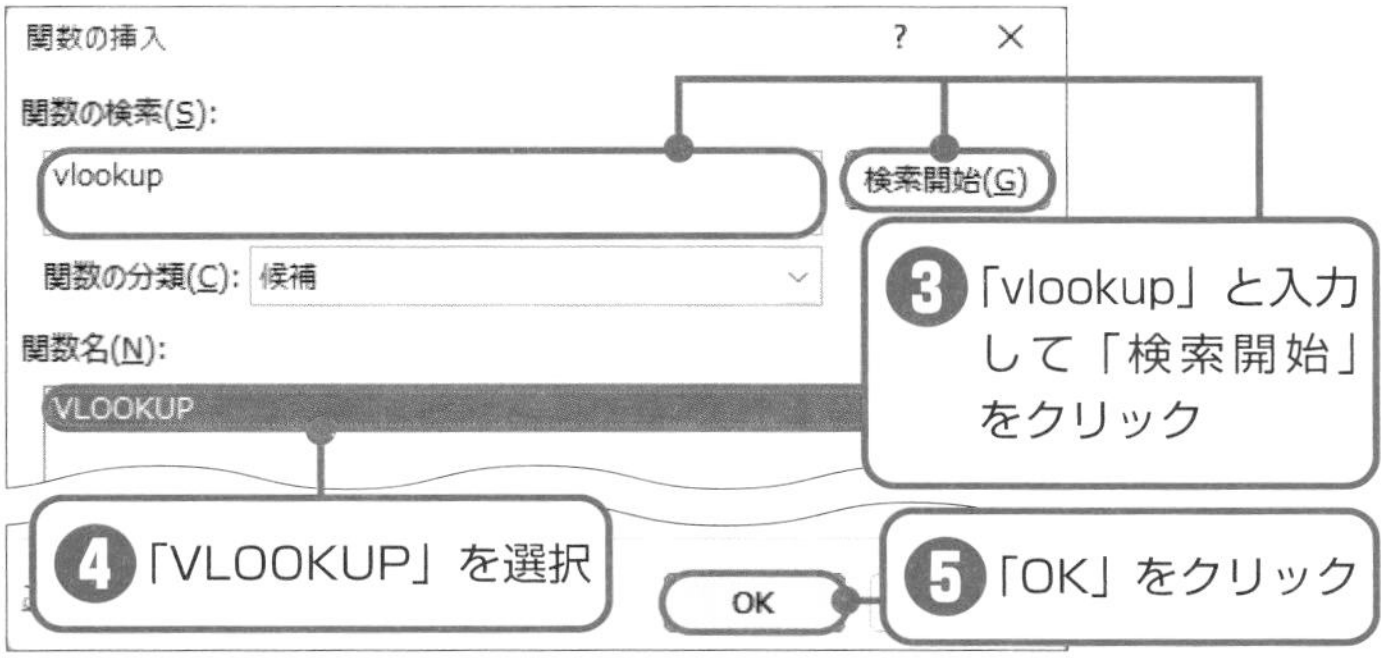

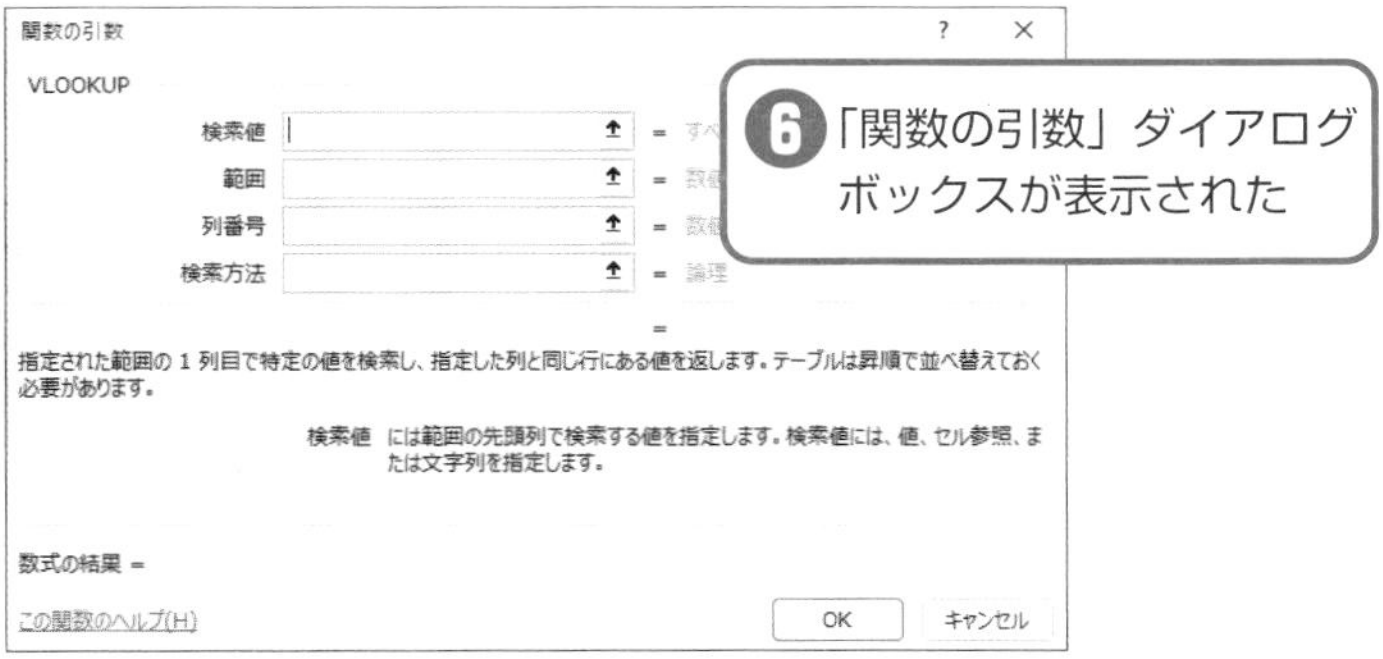

●検索値を指定する

ここから「関数の引数」ダイアログボックスを使って、VLOOKUP関数の引数を順番に指定しよう。

まずは最初の引数である「検索値」だ。**「検索値」には、検索のキーとして使うコード番号が入力されたセルの番地を指定**する。左ページの例では、「商品番号」を基準に、「商品リスト」から「商品名」を検索したいので、「商品番号」が検索のキーになる。つまり、「商品番号」が入力されたセルを「検索値」に指定すればよいわけだ。

なお、「商品番号」という項目は、「商品検索表」のB3セルと「商品リスト」のE列の両方に存在する。引数「検索値」に指定するコード番号は、VLOOKUP関数を入力するセルと同じ表にあるコード番号だ。したがって、「商品検索表」側の「商品番号」であるB3セルを指定しよう。

引数を実際に指定するには、「関数の引数」ダイアログボックスで、一度「検索値」の欄をクリックしてカーソルが欄内で点滅するのを確認してからセルを選ぶと確実だ。B3セルをクリックすると、「検索値」欄には「B3」とセル番地が入る。続けて74ページに進み、2番目の引数「範囲」の指定に移ろう。

「検索値」を指定する

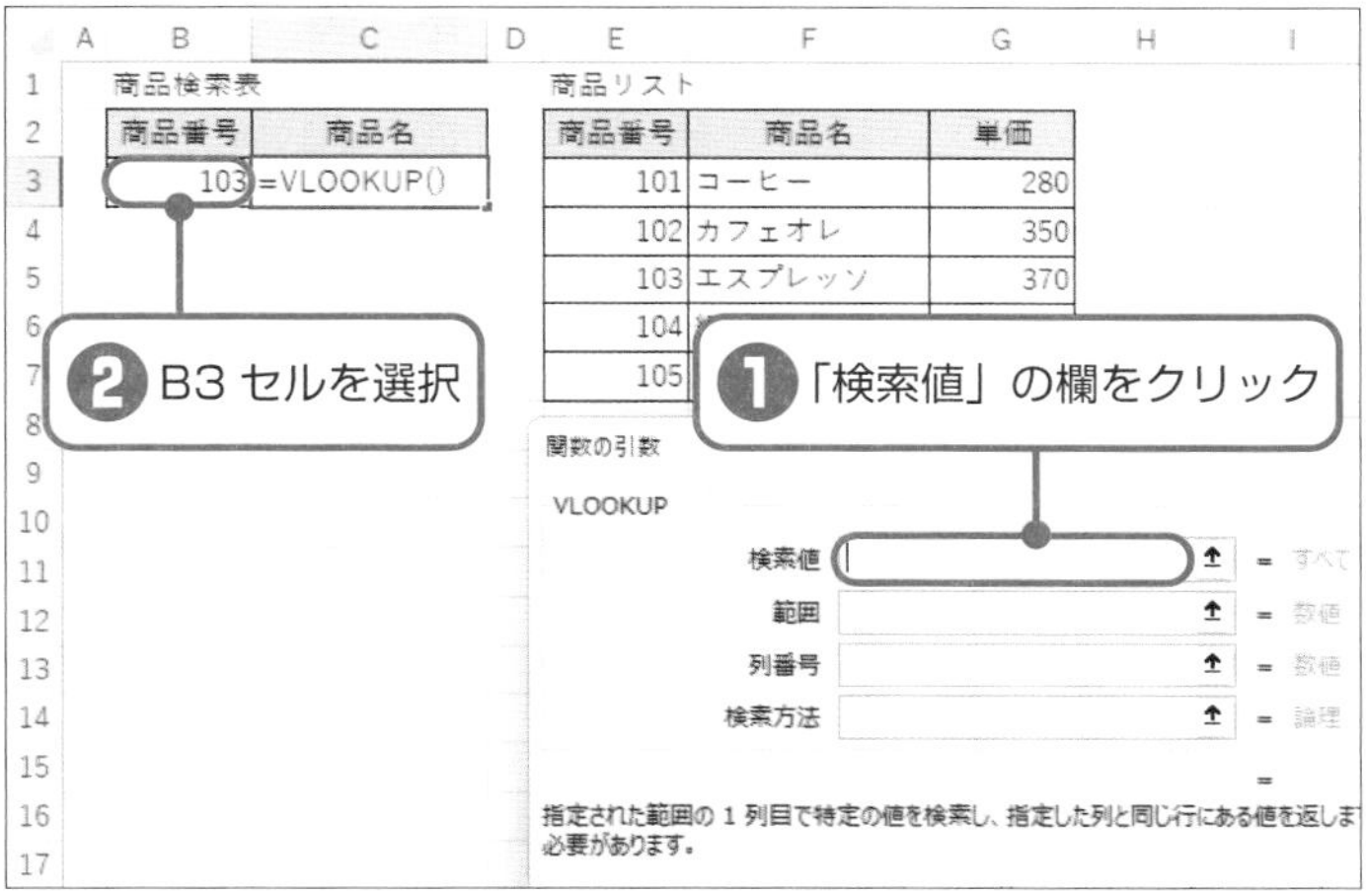
商品検索表
商品番号
商品名
103
=VLOOKUP()
商品リスト
商品番号
商品名
単価
101 コーヒー 280
102 カフェオレ 350
103 エスプレッソ 370
104
105
2 B3セルを選択
1 「検索値」の欄をクリック
関数の引数
VLOOKUP
検索値
範囲
列番号
検索方法
指定された範囲の 1 列目で特定の値を検索し、指定した列と同じ行にある値を返しま
必要があります。

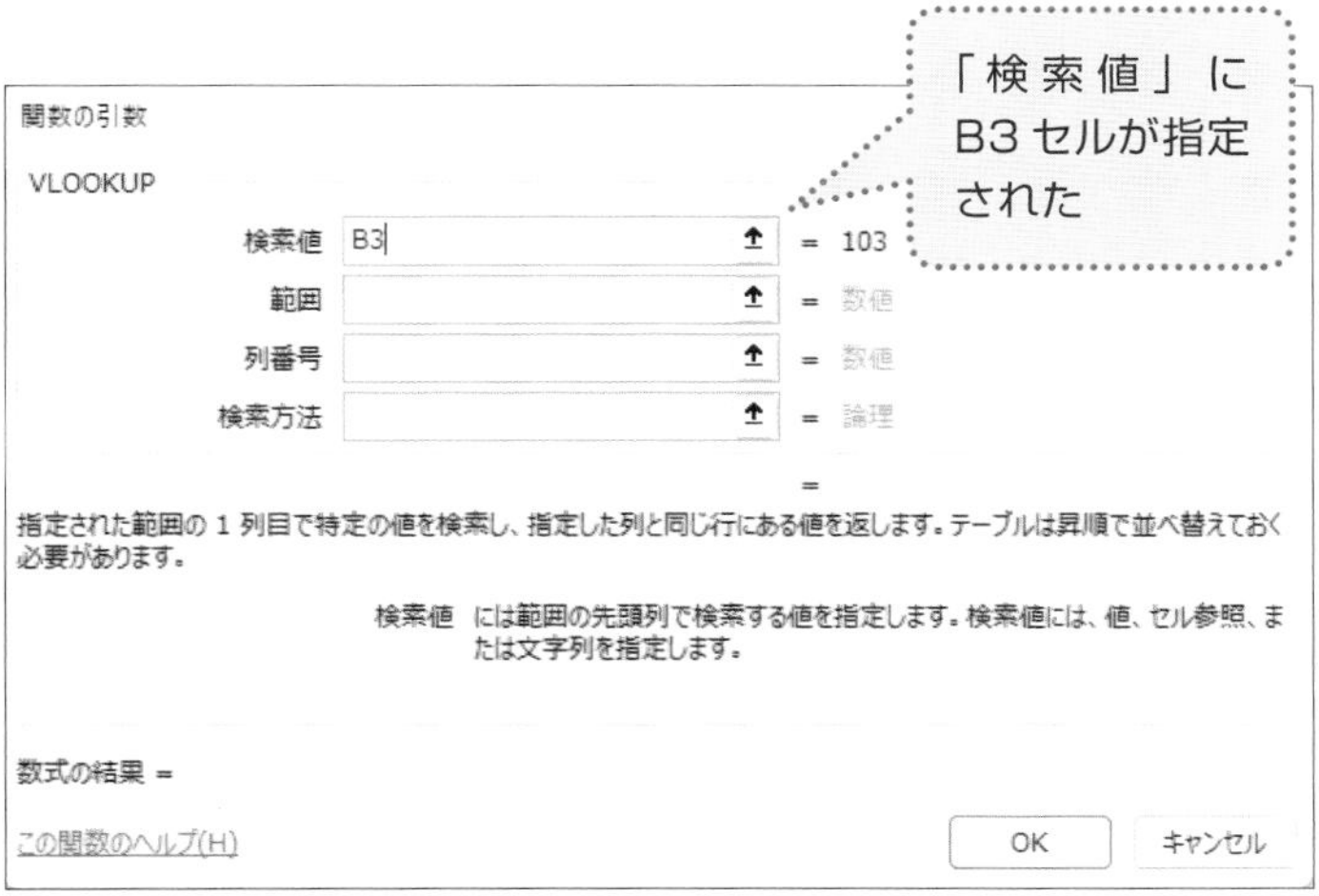
「検索値」にB3セルが指定された
関数の引数
VLOOKUP
検索値 B3 = 103
範囲 = 数値
列番号 = 数値
検索方法 = 論理
指定された範囲の 1 列目で特定の値を検索し、指定した列と同じ行にある値を返します。テーブルは昇順で並べ替えておく必要があります。
検索値 には範囲の先頭列で検索する値を指定します。検索値には、値、セル参照、または文字列を指定します。
数式の結果 =
この関数のヘルプ(H)
OK
キャンセル

●検索する表の「範囲」を指定する

次に2番目の引数「範囲」を指定しよう。ＶＬＯＯＫＵＰ関数を使う際は、あらかじめ、「社員名簿」や「商品リスト」といった一覧表を用意しておく必要がある。その**一覧表のセル範囲を指定したものが「範囲」**になる。

なお、ＶＬＯＯＫＵＰ関数は、指定されたコード番号をもとに「範囲」に指定した表の中から、関連情報を探す。そのため、引数**「範囲」の一覧表では、検索に使うコード番号が左端の列に入力されていなければならない**ルールがあった。

左ページの例では、B3セルに入力した「商品番号」に該当する「商品名」を「商品リスト」の中から検索している。引数「範囲」には、「商品リスト」のセル範囲を指定すればよい。このとき、1行目の項目見出しは、検索には使われないため除外するので、「範囲」に指定するのは、「E3：G7」というセル範囲になる。

なお、一覧表が広範囲にわたる場合、セル範囲をドラッグするのは至難の業だ。こんなときはまず、左上隅のセル（「商品リスト」ではE3）をクリックし、Shiftキーを押しながら右下角のセル（「商品リスト」ではG7）をクリックすると、すばやく選択できる。

「範囲」を指定する

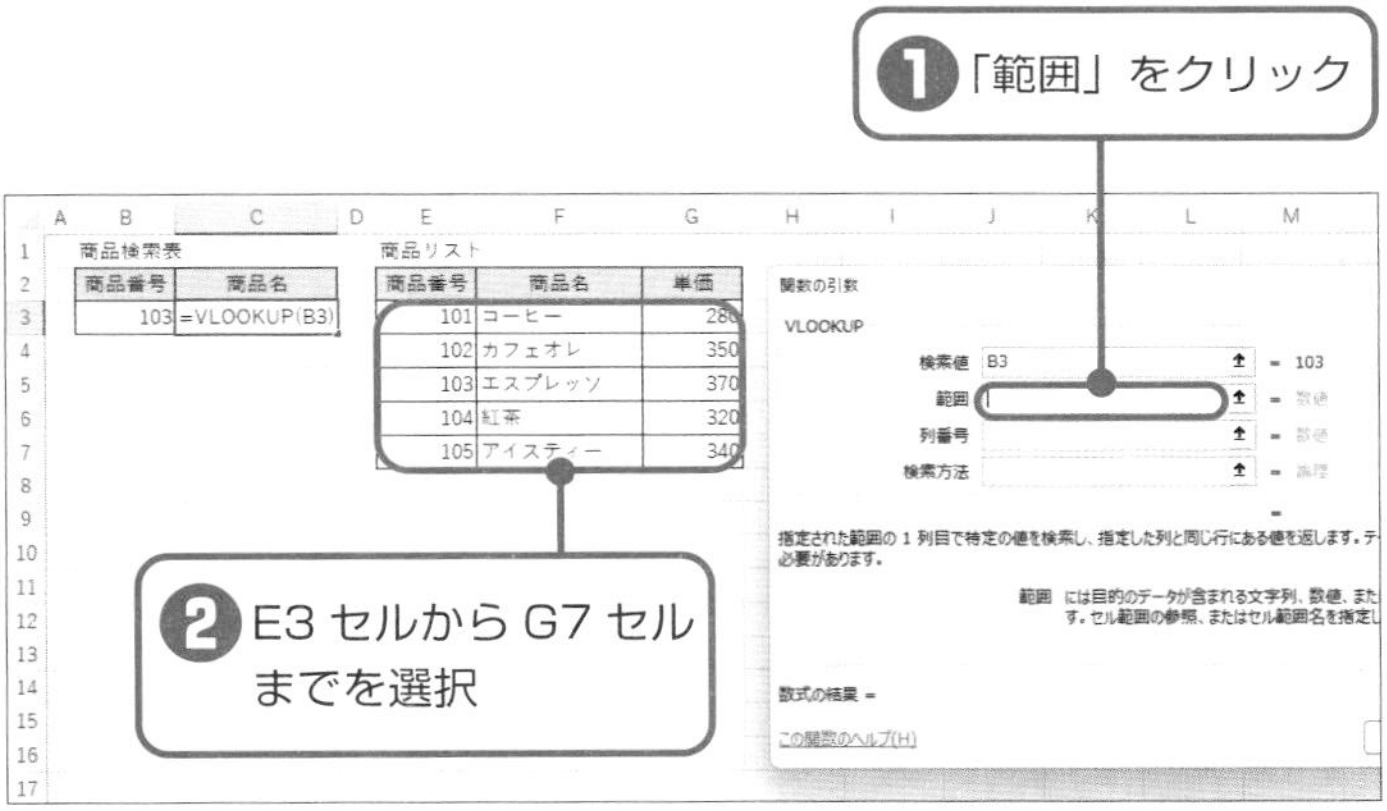

❶「範囲」をクリック
商品検索表
商品番号
商品名
103
=VLOOKUP(B3)
商品リスト
商品番号
商品名
単価
101 コーヒー
102 カフェオレ 350
103 エスプレッソ 370
104 紅茶 320
105 アイスティー 340
関数の引数
VLOOKUP
検索値 B3 = 103
範囲
列番号
検索方法
数式の結果 =
この関数のヘルプ(H)
❷E3 セルから G7 セルまでを選択

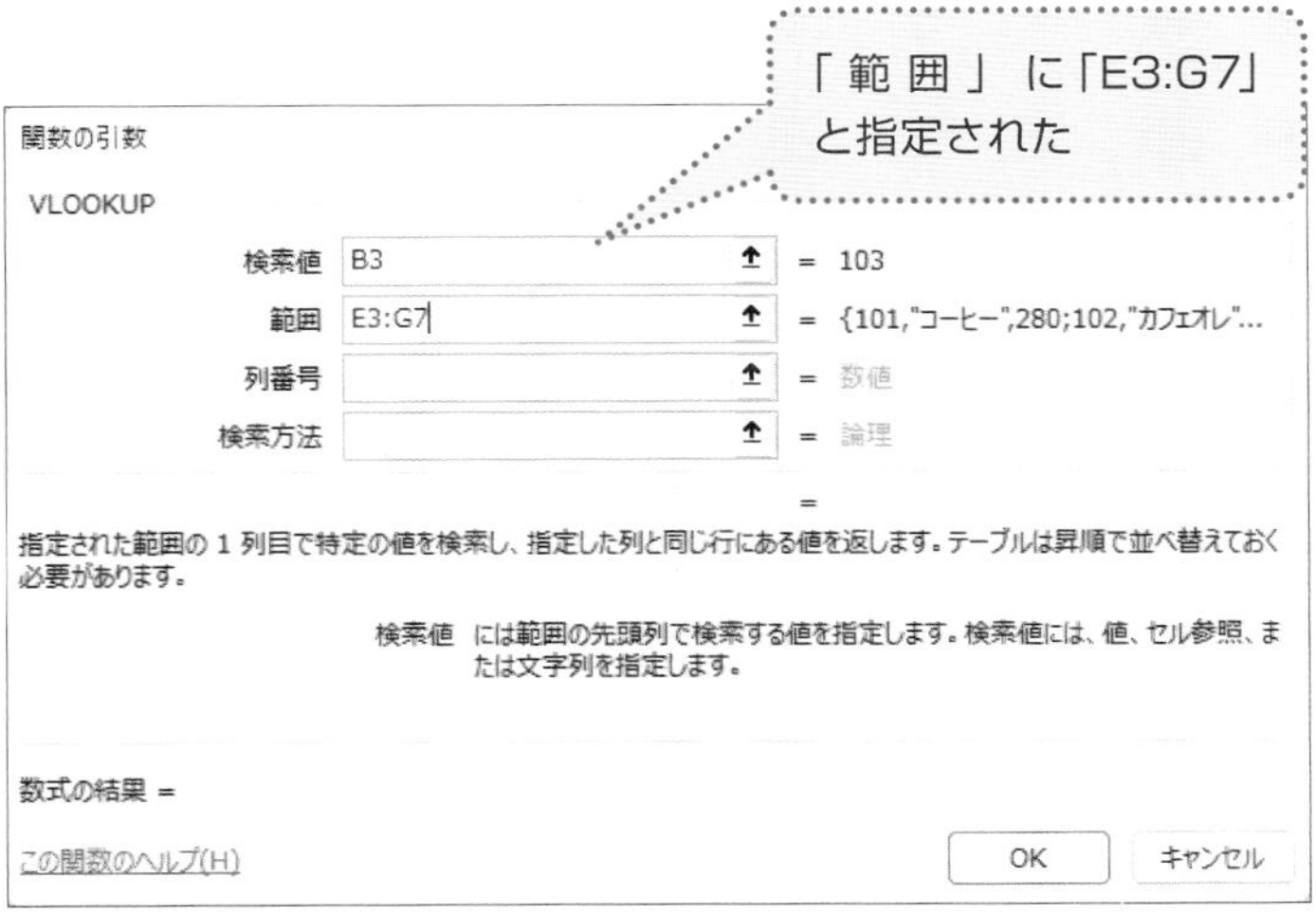

「範囲」に「E3:G7」と指定された
関数の引数
VLOOKUP
検索値 B3 = 103
範囲 E3:G7 = {101,"コーヒー",280;102,"カフェオレ"...
列番号 = 数値
検索方法 = 論理
=
指定された範囲の 1 列目で特定の値を検索し、指定した列と同じ行にある値を返します。テーブルは昇順で並べ替えておく必要があります。
検索値 には範囲の先頭列で検索する値を指定します。検索値には、値、セル参照、または文字列を指定します。
数式の結果 =
この関数のヘルプ(H)
OK
キャンセル

「列番号」と「検索方法」を指定する

さて、4つあるVLOOKUP関数の引数も、残すところあと2つになった。ここまでの流れをざっと振り返ろう。

VLOOKUP関数では、最初の引数「検索値」に指定したコード番号を、2番目の引数「範囲」に指定した一覧表から検索する。左ページの例では、B3セルに入力した商品番号「103」を「商品リスト」の中で検索するわけだ。

これから指定する3番目の引数「列番号」は、戻り値としてセルに表示したい内容が、「範囲」の一覧表の何列目にあるのかを指定する。**「列番号」には、「範囲」の一覧表の列を左から順に数えた数字を入力**する。私たちが表示させたい「商品名」は「商品リスト」の2列目になる。したがって、「列番号」の欄には、「2」と入力すればよい。

最後の引数「検索方法」は、コード番号に完全に一致するものだけを検索の対象とするかどうかを「TRUE」、「FALSE」の論理値で指定するものだ。66ページでも説明したように、商品番号や社員番号などのコード番号は1文字でも違うと別の内容を指してしまう。したがって、ここでは、**「商品番号」に完全に一致するものだけを検索の対象とするため「FALSE」と指定**する。

「列番号」と「検索方法」を指定する

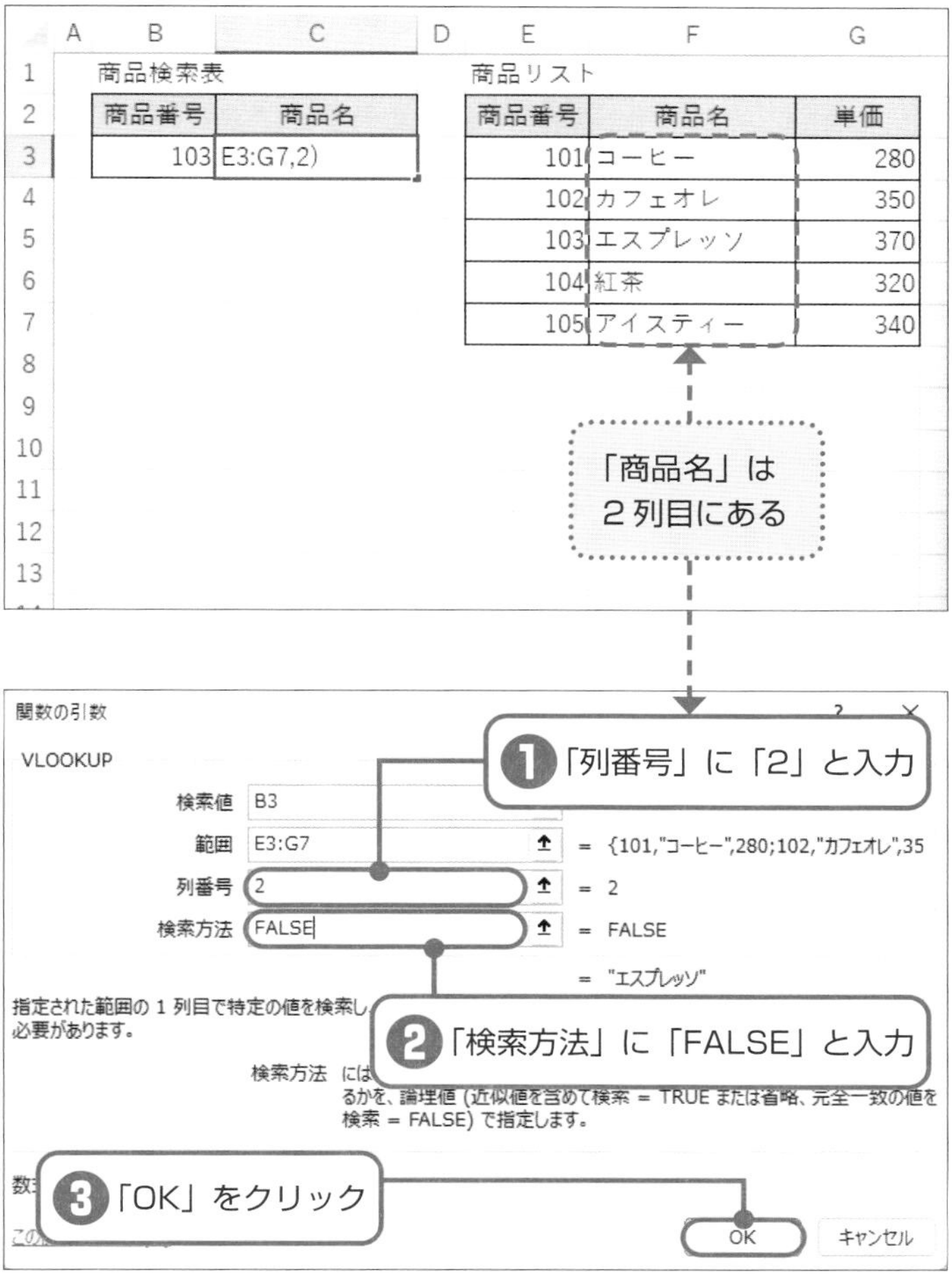

関数が正しく機能していることを確認する

これで、ＶＬＯＯＫＵＰ関数の引数をすべて指定した。「関数の引数」ダイアログボックスの「ＯＫ」ボタンをクリックすると、ＶＬＯＯＫＵＰ関数の入力が完了する。それぞれの引数を正しく指定できていれば、C3セルには、何らかの商品名が表示されるはずだ。

改めて、設定したＶＬＯＯＫＵＰ関数の内容を順番に確認しよう。左ページの例では、B3セルに商品番号が「１０３」と入力されている。このB3セルはC3セルに入力したＶＬＯＯＫＵＰ関数の最初の引数「検索値」に指定されている。「検索値」に指定したコード番号は、「範囲」に指定した一覧表から商品の情報を検索するのに使用される。

「範囲」内から「１０３」が見つかると、今度は、３番目の引数「列番号」に指定した列のセルが検出される。最後の引数「検索方法」には、同一の商品番号だけを検索結果としたいため、「ＦＡＬＳＥ」と指定されている。

以上の設定の結果、ＶＬＯＯＫＵＰ関数が機能してC3セルには、商品番号「１０３」に対応する商品名「エスプレッソ」が表示されるわけだ。

VLOOKUP 関数のそれぞれの引数の働き

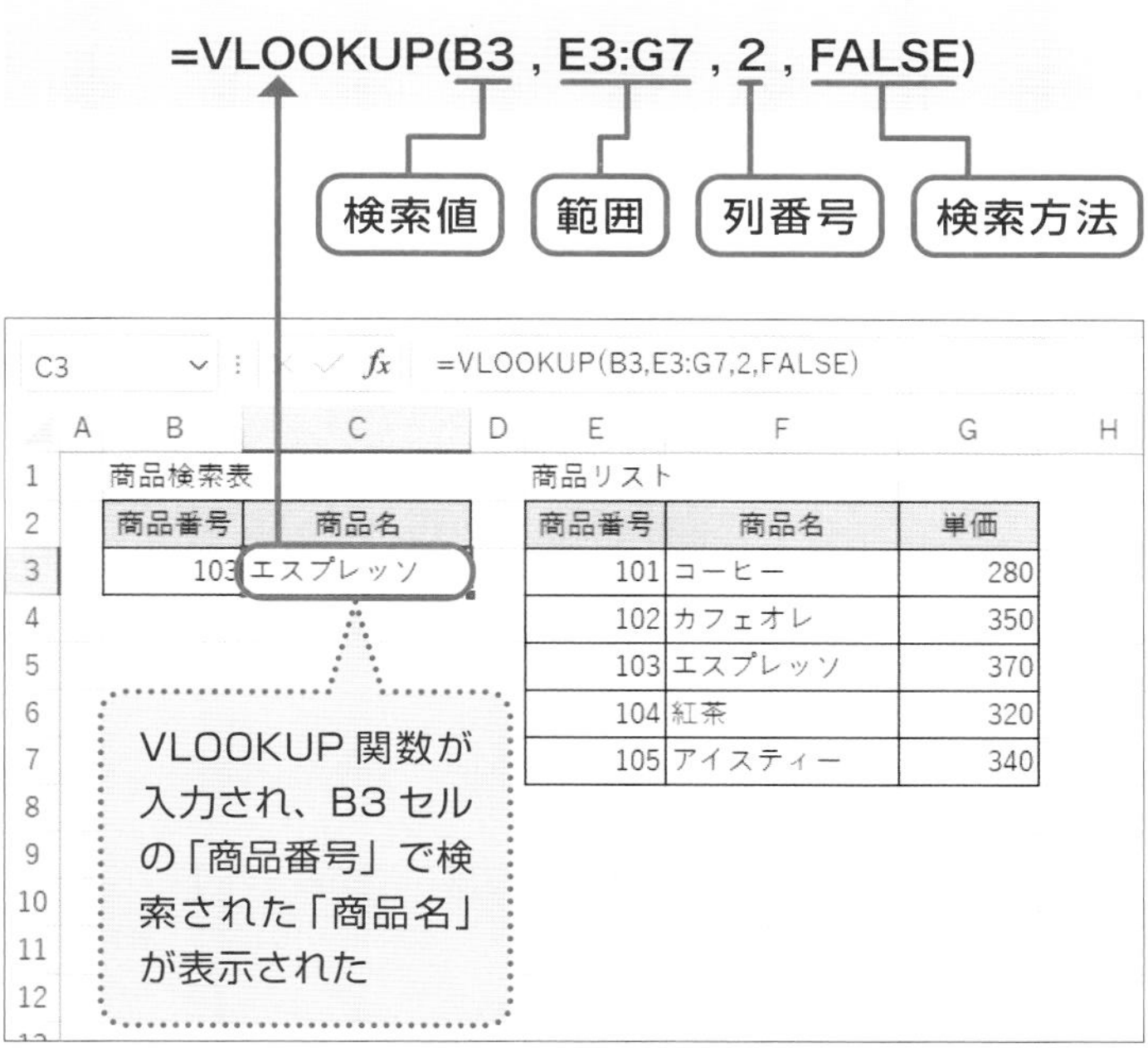

One Point

- 「検索値」にコード番号を指定し、一覧表を「範囲」とする
- 「範囲」の中の何列目に、戻り値としてセルに表示したい情報があるかを「列番号」に指定し、「検索方法」には「TRUE」か「FALSE」を指定する

Column

一覧表はこうあるべし

VLOOKUP 関数では、「コード番号」をキーにして検索を実行するため、「範囲」の一覧表のコード番号には重複があってはいけない。重複があるかどうかは、136 ページの方法でチェックできる。また、隣り合うセルに同じデータが入るからといってセルを結合してはいけない。セル結合は事前に解除してから VLOOKUP 関数を入力しよう。

●「範囲」の一覧表でありがちな NG 2つ

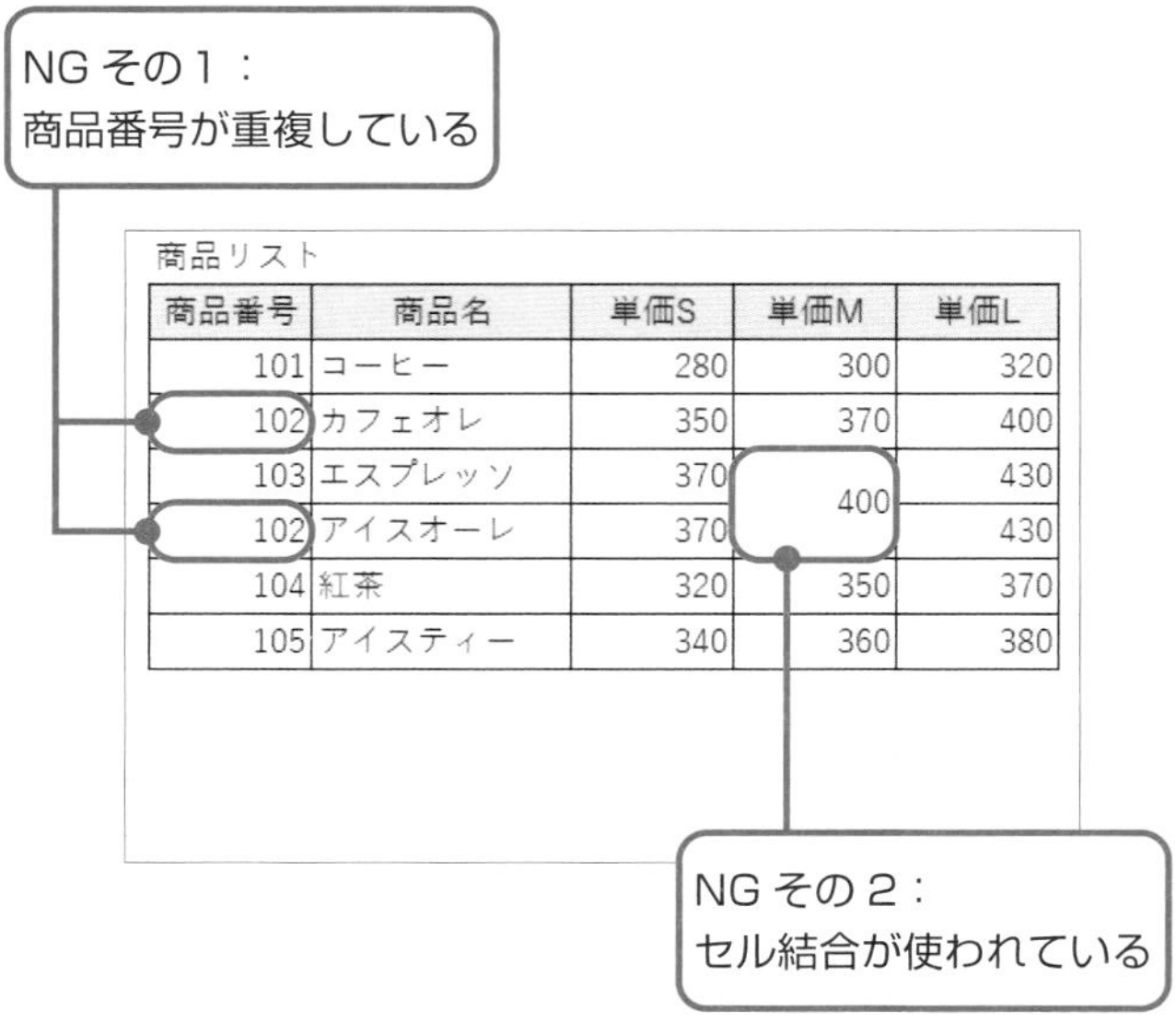

商品リスト

商品番号	商品名	単価S	単価M	単価L
101	コーヒー	280	300	320
102	カフェオレ	350	370	400
103	エスプレッソ	370	400	430
102	アイスオーレ	370		430
104	紅茶	320	350	370
105	アイスティー	340	360	380

Chapter

3

VLOOKUP関数を使いこなそう

Section 16

一度入力した関数を再利用する ～関数のコピー

関数をコピーして複数の場所で利用する

この章では、一度入力したVLOOKUP関数をコピーして、ほかのセルで再利用する方法をマスターしよう。

左ページの図を見てほしい。「注文管理表」に商品の注文データを入力する際、商品名や単価の情報を、下の「商品リスト」からVLOOKUP関数で参照させたい。

すでにC3セルにはVLOOKUP関数の式が入力されている。このC3セルを、まず下方向にコピーして、各商品の商品番号に対応する商品名をC4セルからC8セルの「商

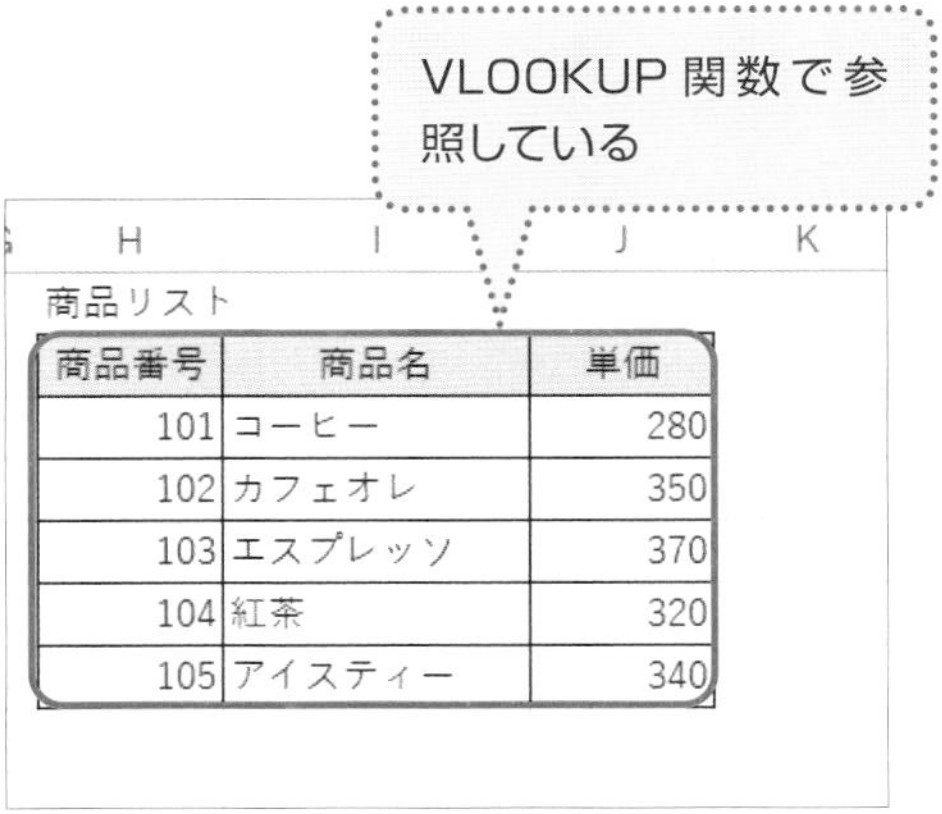

商品番号	商品名	単価
101	コーヒー	280
102	カフェオレ	350
103	エスプレッソ	370
104	紅茶	320
105	アイスティー	340

品名」の欄に表示する。次に、C3セルのVLOOKUP関数を右のD3セルへコピーして、D列の「単価」の欄にそれぞれの商品の単価を表示させたい。

このように書くとかんたんそうだが、実は、これが一筋縄ではいかないのだ。**VLOOKUP関数に挫折する人の半分は、このコピーの段階でつまずいてしまう**と書いても過言ではない。

そこで本章では、VLOOKUP関数のコピーのルールを、段階を追って解説しよう。

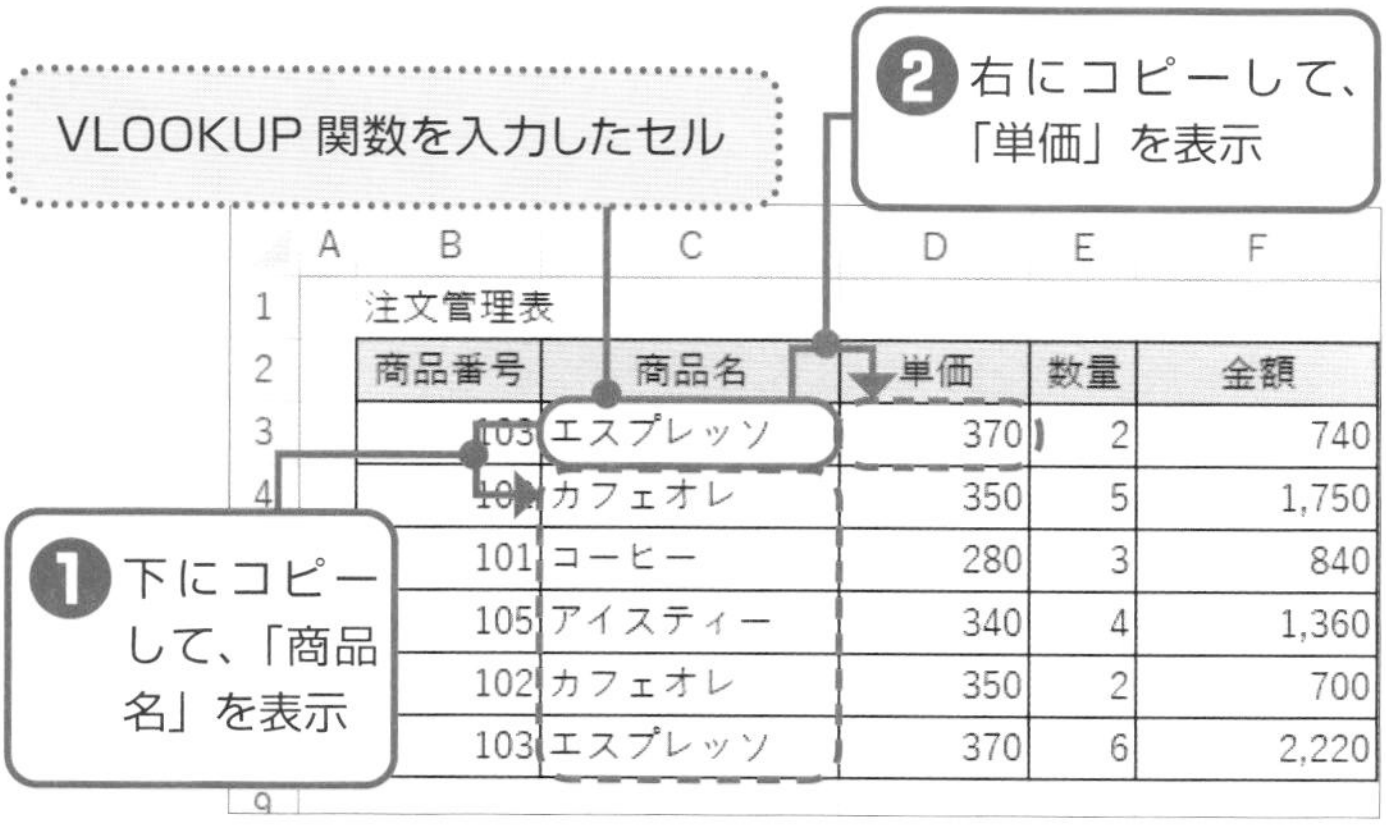

商品番号	商品名	単価	数量	金額
103	エスプレッソ	370	2	740
10[illegible]	カフェオレ	350	5	1,750
101	コーヒー	280	3	840
105	アイスティー	340	4	1,360
102	カフェオレ	350	2	700
103	エスプレッソ	370	6	2,220

Section 17

関数を次の行にコピーする

まずは、VLOOKUP関数を下のセルにコピーする

では、左ページを見ながらさっそく関数をコピーしてみよう。「注文管理表」のC3セルにはVLOOKUP関数の式が入力され、B3セルに入力された商品番号「103」に該当する商品名が「エスプレッソ」と表示されている。このC3セルに入力されたVLOOKUP関数の式を、空欄になっている下のセル範囲C4からC8にコピーして、それぞれの商品番号に対応する商品名を表示させたい。

隣接するセルへのコピーなら**オートフィル操作**がかんたんだ。オートフィル操作でコピーを行うには、まずコピーするセルを選ぶ。ここではC3セルを選択。次にその右下角にポインターを合わせると、マウスポインターの形が「＋」に変わる。あとはその状態で下へドラッグしてみよう。表の最終行であるC8セルまでドラッグした時点で、マウスのボタンから指を離すと、セルにはコピーの結果が表示されるはずだ。いったい何が表示されただろうか。

オートフィル操作で下へコピーしてみると…

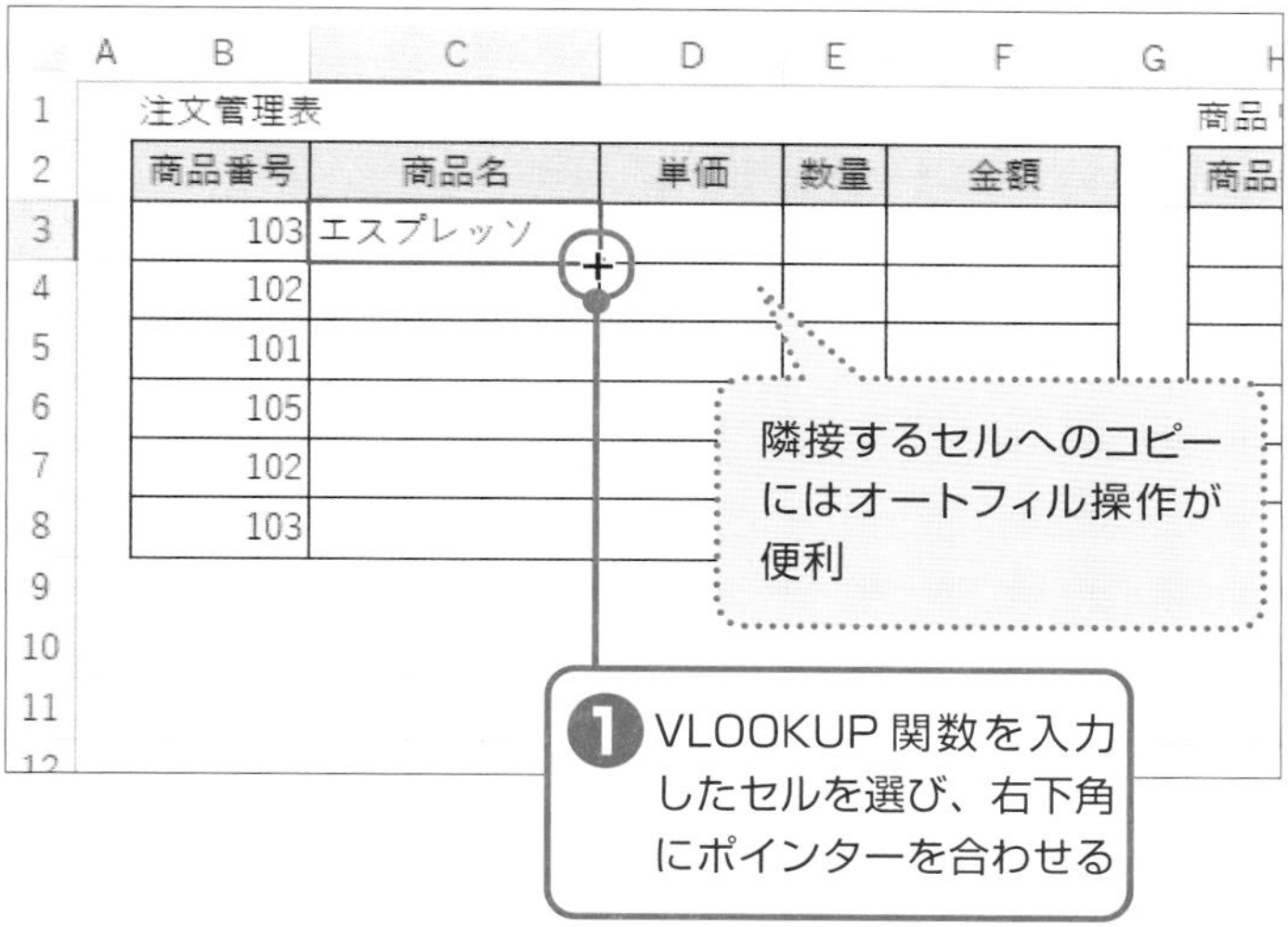

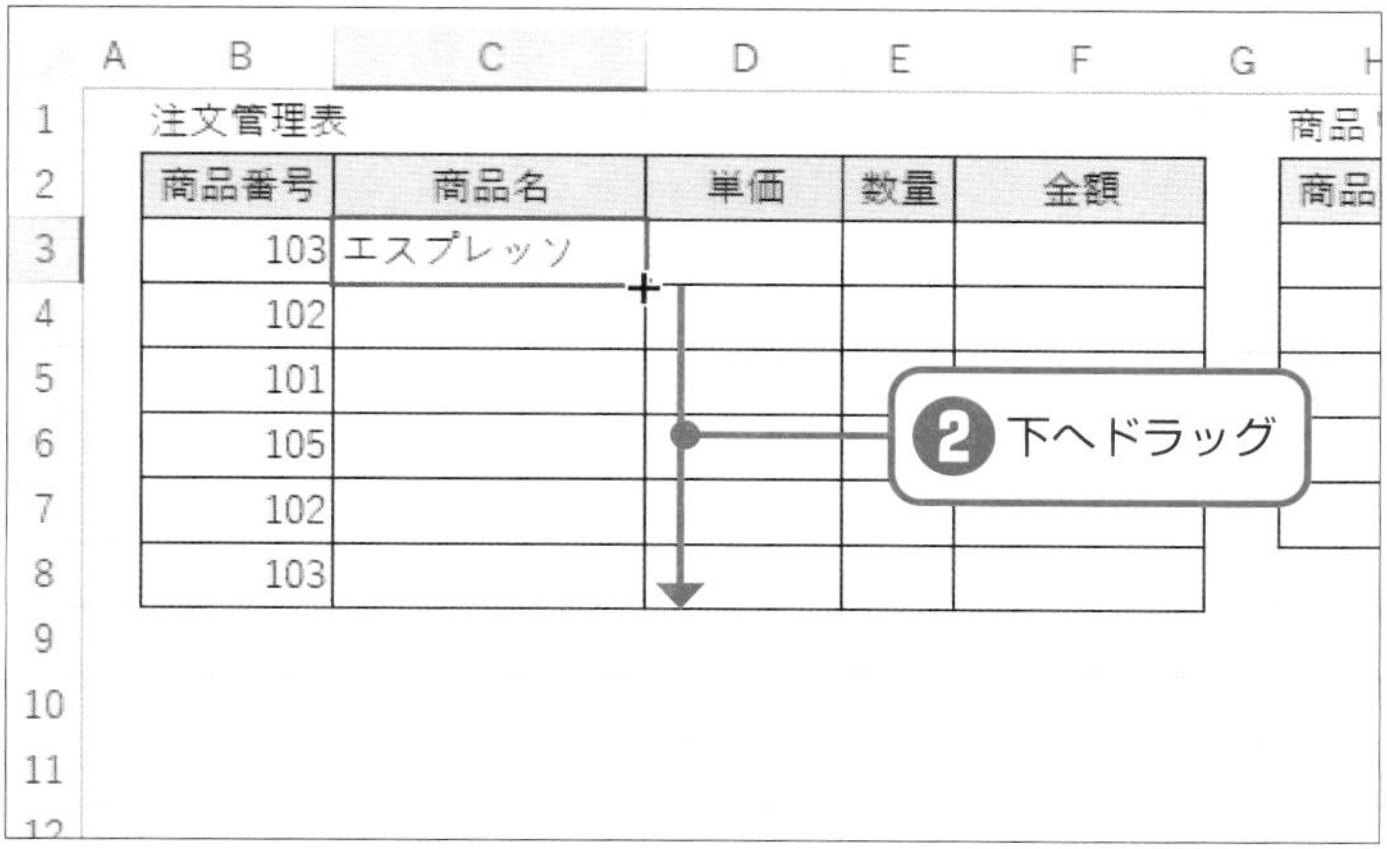

コピーすると変な表示が出た!?

オートフィル操作を実行すると、結果は、左ページの図のようになる。ところどころに「#N/A」という見慣れない表示のセルがあるだろう。これは、エラーになったことを示しているのだ。

確認しよう。まずは、オートフィルを実行して最初に関数の式がコピーされたC4セルの内容を見てみたい。C4セルにVLOOKUP関数をコピーしたところ、セルには戻り値として、「カフェオレ」と表示された。B4セルには商品番号が「１０２」と入力されている。一方、「商品リスト」を見ると、商品番号「１０２」の行には、商品名が「カフェオレ」と表示されているので、この結果は問題ないようだ。

ところが、その下のC5セルには、商品名ではなく「#N/A」と表示されてしまっている。この場合、B5セルの商品番号は「１０１」だ。「１０１」に対応する商品名は「コーヒー」なので、ここには「コーヒー」と表示されるはずなのだが…。

実は、この**「#N/A」という表示は、「エラー値」と呼ばれる**ものだ。関数を実行した結果、セルには戻り値が表示される（30ページ参照）。関数の式が正しく計算できなかった場合も戻り値は表示され、これが「エラー値」になっているのだ。

オートフィルの結果がエラーになった

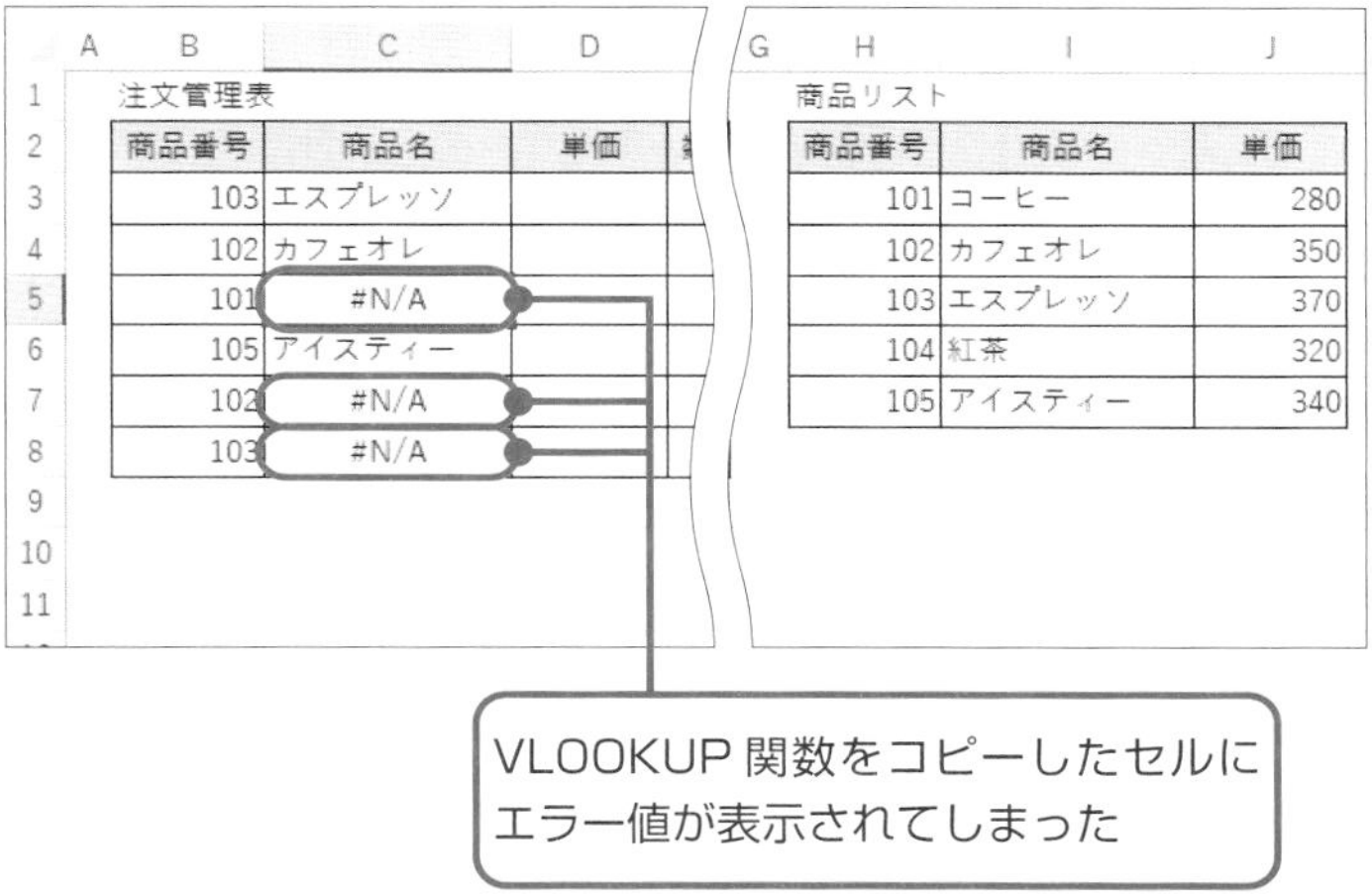

One Point

「エラー値」とは、関数の結果が正しく計算できなかったことを示すメッセージ

Section 18

なぜコピーするとエラーが出るのか？

なぜエラーが出てしまうのか考える

では、エラー値「#N/A」が表示されたセルの中身を見てみよう。最初に「#N/A」エラーが表示されたC5セル、C7セルを順に選んでみると、数式バーには、左ページの図のようなVLOOKUP関数の式が表示される。どうやら関数の式自体は問題なくコピーされているようだが、2つの計算式を比べるとおかしな点がある。

左ページの数式の中で色の付いた部分がそうだ。これはVLOOKUP関数の引数「範囲」に当たる。つまり、検索をかけたい一覧表である「商品リスト」のデータ部分を指している。セル番地でいうと、H3からJ7までのセル範囲なので、「H3：J7」と表示されるはずだ。ところが、エラー値が表示されたセルのVLOOKUP関数の式では、どちらもそうではない。C5セルの式では「H5：J9」、C7セルでは「H7：J11」となり、両方とも「H3：J7」ではない範囲を指している。**参照する商品リストは常に同じ場所にあるので、同じセル参照でなければおかしい**はずだ。

エラーになったセルでは、「範囲」がおかしい？

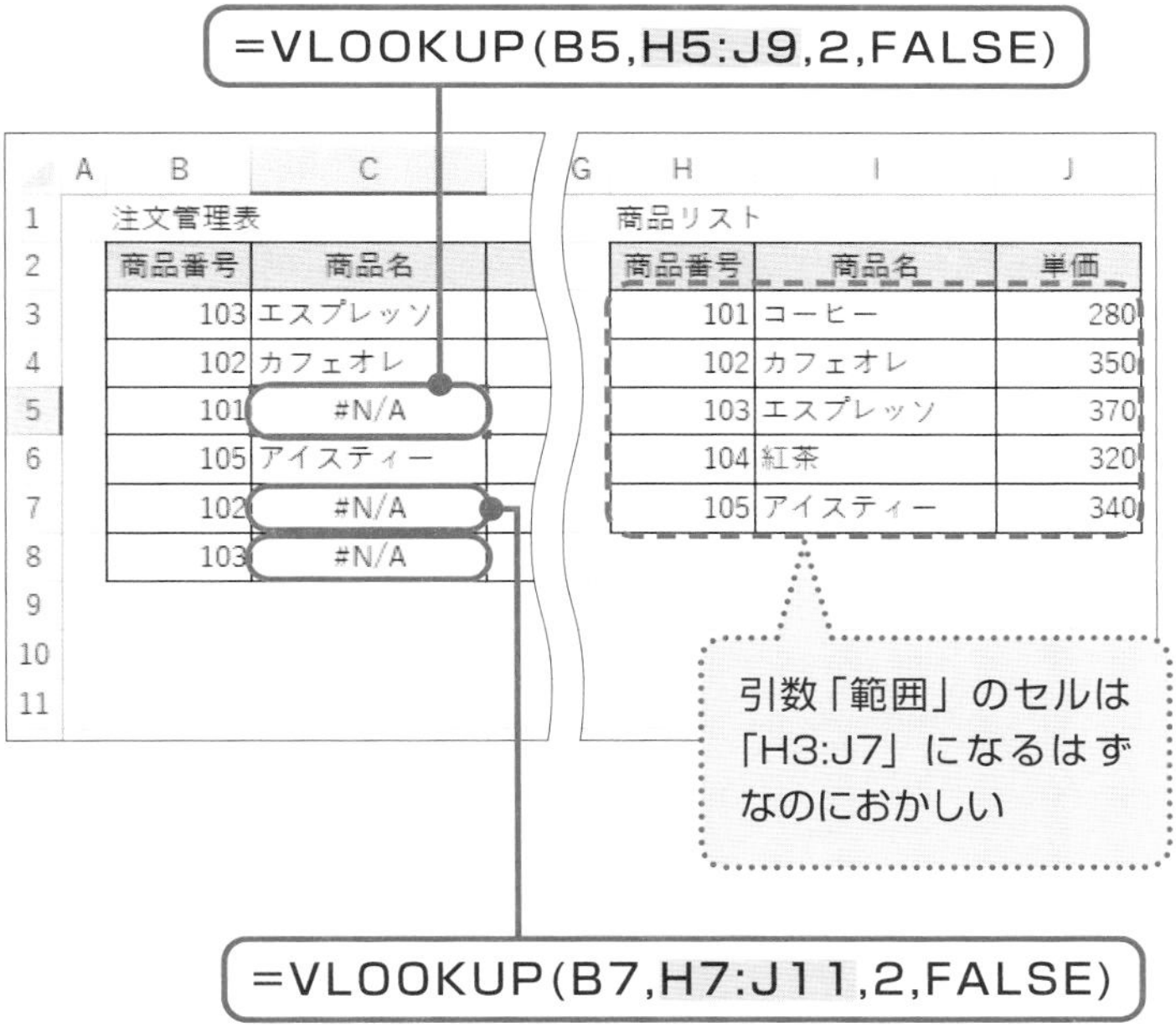

●コピーした関数では「範囲」も一緒に動く

ここで、C3セルを１つ下のC4セルにコピーした例を見てみよう。そして、ＶＬＯＯＫＵＰ関数の式がどう変わるのかを確認したい。C3セルには、左ページ上の図のようなＶＬＯＯＫＵＰ関数の正しい式が入力されている。色を付けて示した「範囲」のセル番地は、「H3からJ7まで」となり、これは「商品リスト」の範囲を正しく指定している。では、この式を１つ下のC4セルにコピーする。そのあと、C4セルを選択して、同様に中の数式を確認すると、左ページ下の図のような式に変わる。これを見ると、引数「範囲」のセル番地が「H4からJ8まで」に変更されている。そう、セル範囲が1行下にずれているのだ。

このように、式を1行下のセルにコピーすると、その式の中で使われるセル番地も1行下に移動する。これを繰り返すと、引数「範囲」のセル参照は、どんどん下へずれていくことになる。下にずれれば、「商品リスト」の上の方にある行は、「範囲」の枠から外れて検索の対象外になってしまう。

検索に使われるＢ列の商品番号が「１０１」や「１０２」の場合に、ＶＬＯＯＫＵＰ関数の戻り値が「#N/A」になるのはそのためだ。

関数を下へコピーすると「範囲」も下へずれる

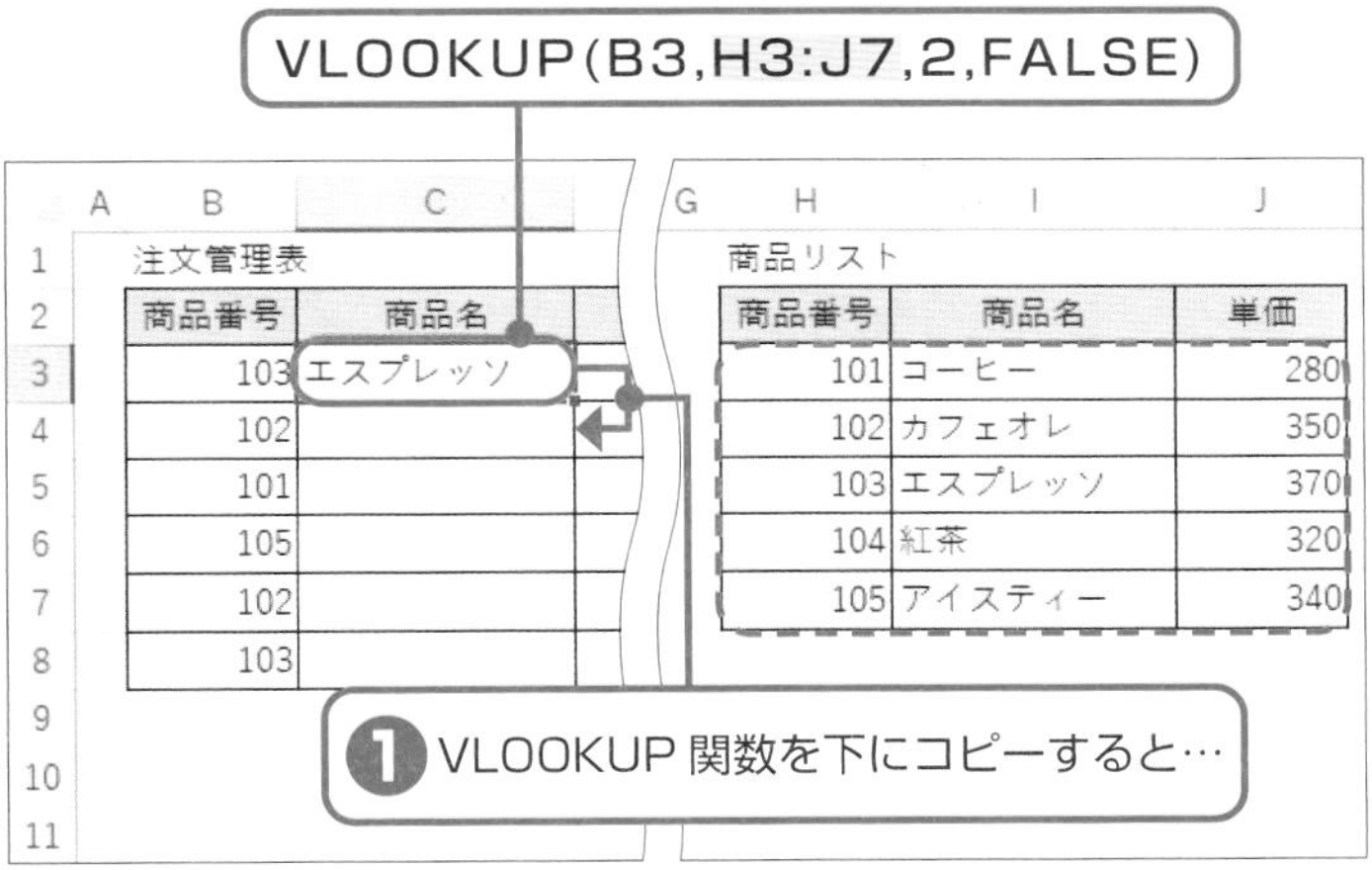

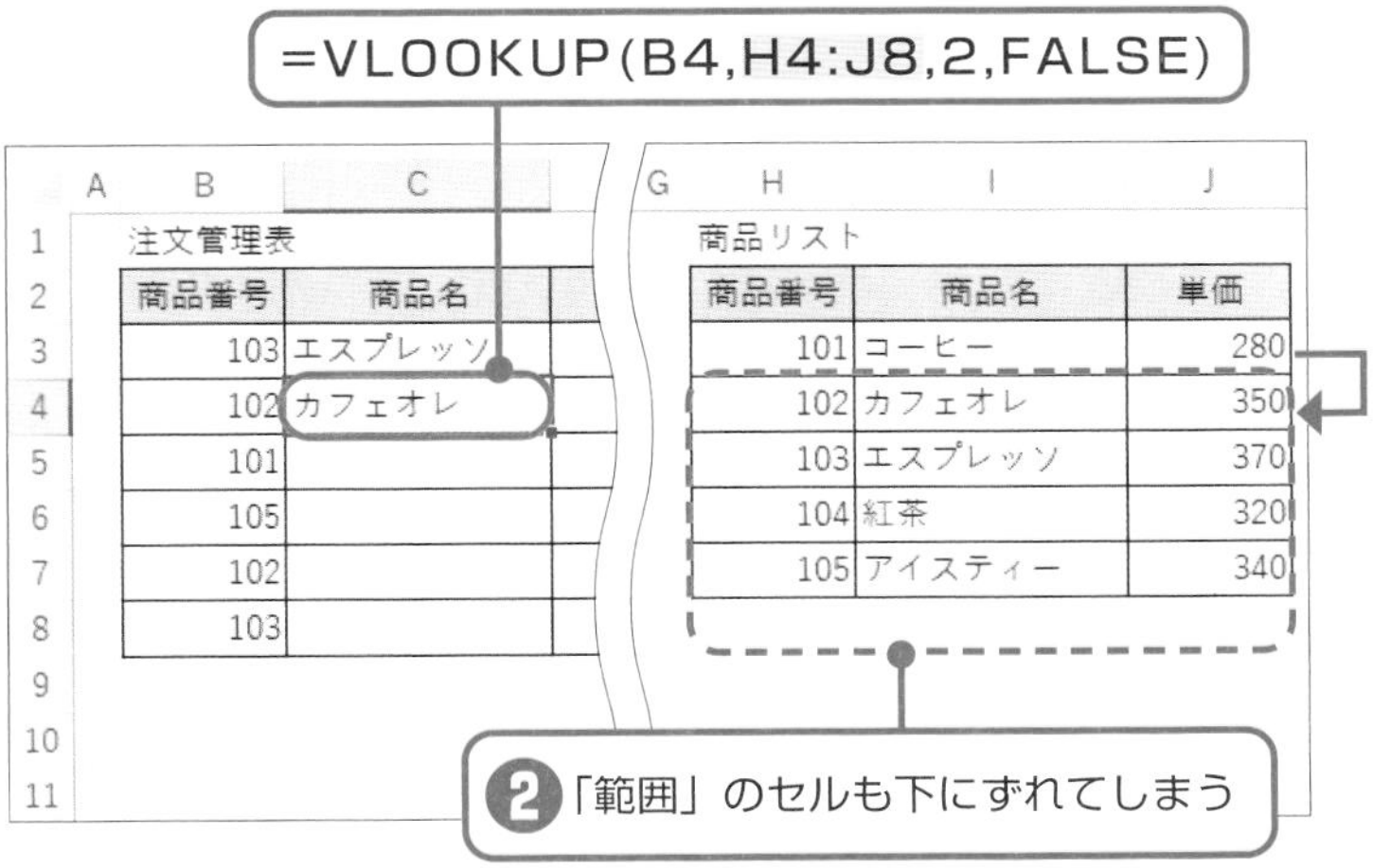

Section 19

関数の難関「参照方式」を理解する

関数のコピーとセル参照の関係

関数の式をコピーすると、引数に使われているセル範囲も一緒にずれてしまう。この現象が、どうやら今回のトラブルのカギを握っているようだ。そこでVLOOKUPの話はひとまず置いておき、数式全般のコピーとセル番地の移動について理解しよう。

ここではSUM関数を例にとり、関数をコピーしたときに、式に含まれるセル範囲がどのように動くのかを検証する。左ページ上の例では、C6セルに「=SUM(C3:C5)」という式が入力され、1週目の売上合計を求めている。では、このセルを右方向へコピーしてみよう。D6、E6、F6セルには、合計が表示されるはずだ。

コピー先のセルには、いずれも上にある3つのセルの数値を合計した結果が表示されている。つまり、計算式が入力されたセルをコピーすると、式の中で使われるセル参照も同じ位置関係を保ったままコピーされると推測できる。

SUM関数の式をコピーしてみる

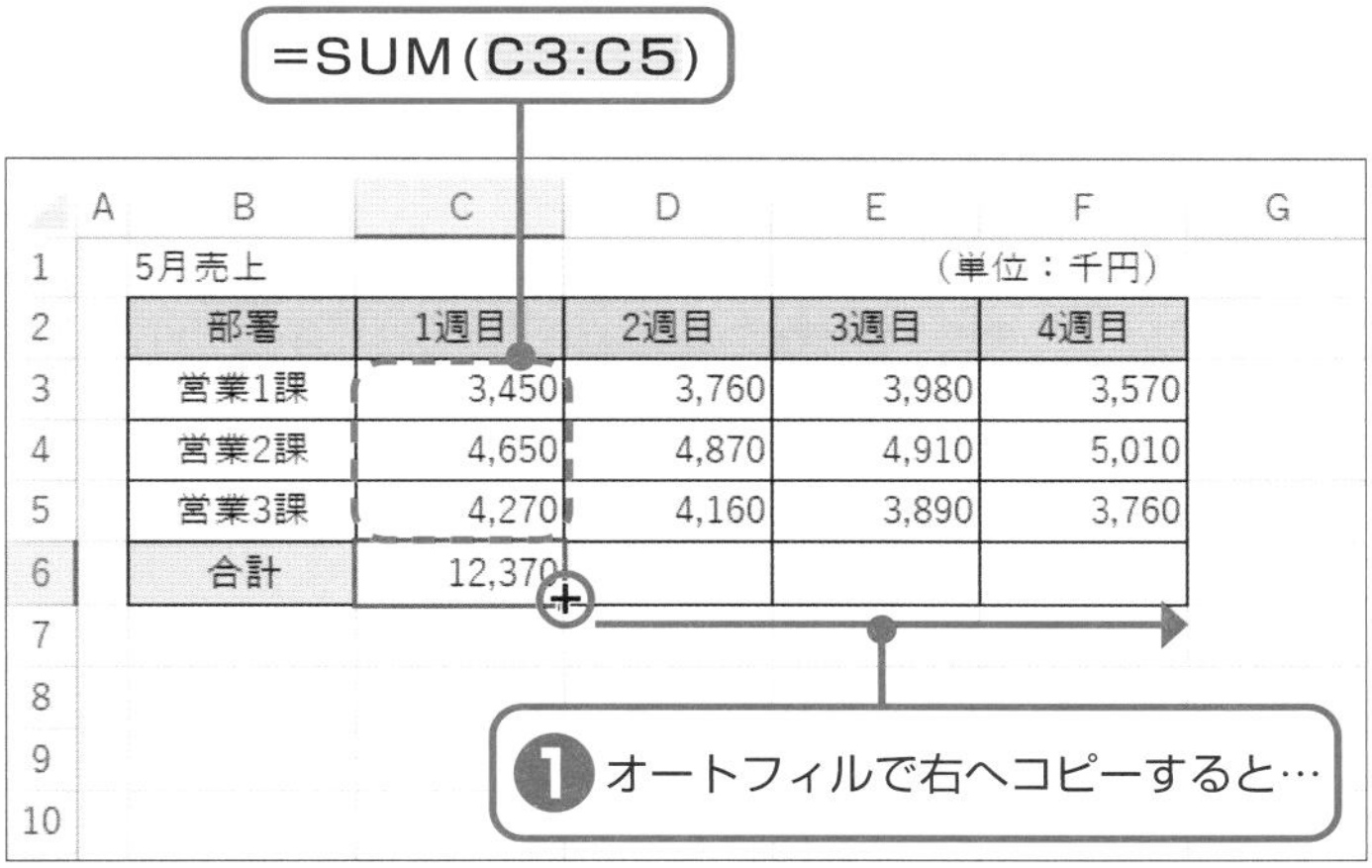

	A	B	C	D	E	F	G
1		5月売上				(単位：千円)	
2		部署	1週目	2週目	3週目	4週目	
3		営業1課	3,450	3,760	3,980	3,570	
4		営業2課	4,650	4,870	4,910	5,010	
5		営業3課	4,270	4,160	3,890	3,760	
6		合計	12,370				
7							
8							
9							
10							

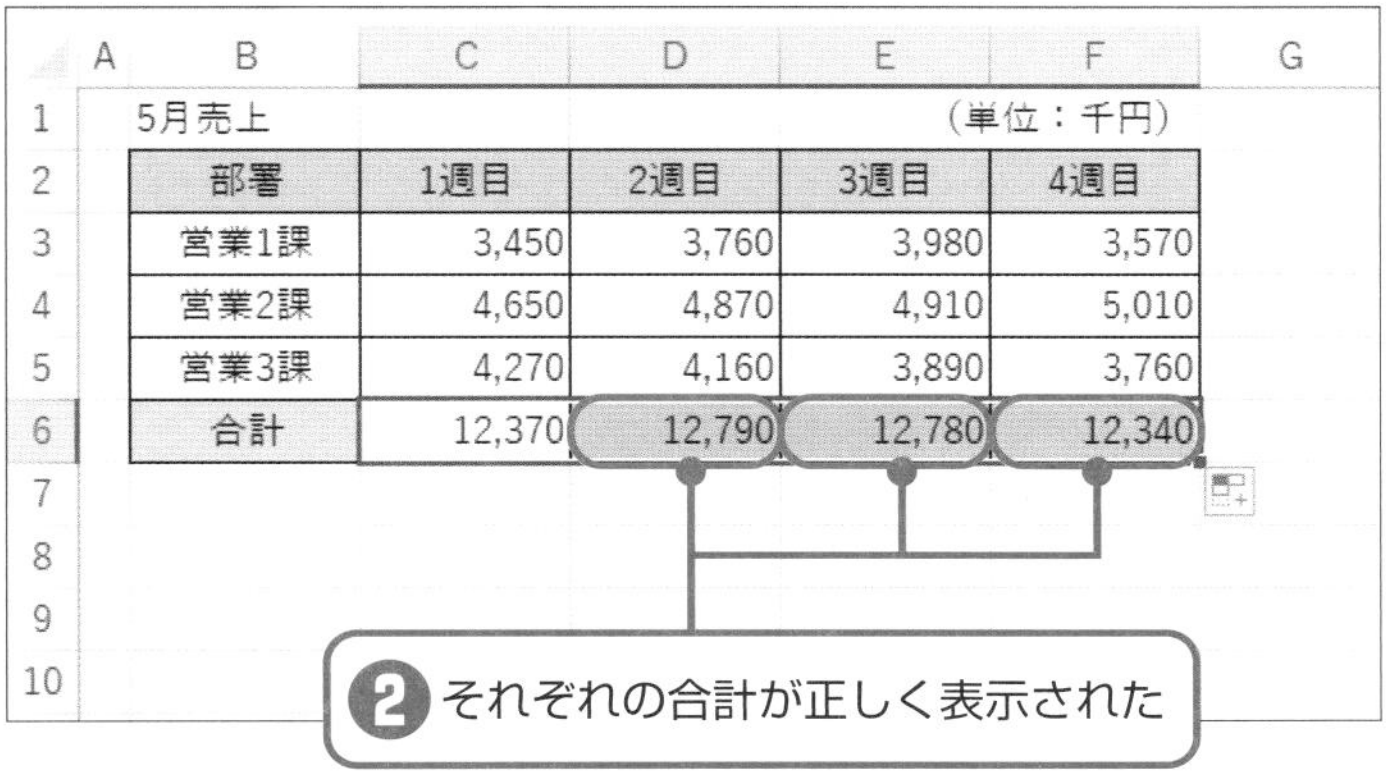

	A	B	C	D	E	F	G
1		5月売上				(単位：千円)	
2		部署	1週目	2週目	3週目	4週目	
3		営業1課	3,450	3,760	3,980	3,570	
4		営業2課	4,650	4,870	4,910	5,010	
5		営業3課	4,270	4,160	3,890	3,760	
6		合計	12,370	12,790	12,780	12,340	
7							
8							
9							
10							

●コピーと共にセル参照も移動する「相対参照」

93ページでコピーしたSUM関数の式を実際に確認しよう。セルを1つずつクリックして、数式バーを見れば、左ページの例のような式がそれぞれ入っていることがわかる。

左ページの例では、それぞれのSUM関数の引数である合計範囲と、その範囲が示すセルを枠で囲んでみた。これを見るとわかるように、どのSUM関数も上の3つのセルを合計する内容になっている。つまり、引数の合計範囲は、コピーされるSUM関数の式と一緒に右へ移動しているのだ。

エクセルでは、関数を含めて数式全般をほかのセルにコピーすると、数式内で使われるセル番地も同じ方向へ相対的に移動する。このように、**コピーしたときにセル番地が自動でずれるしくみを「相対参照」という**。このしくみがあるからこそ、複数の合計をコピーで正しく求めることができるのだ。

ただし、関数の種類や計算の内容によっては、相対参照でセル番地が勝手に動いてしまうと困る場合がある。90ページで紹介したVLOOKUP関数のトラブルもその一例だ。そこで、そのような場合はどう対処すればよいのかを次に考えよう。

「相対参照」では関数のコピーと一緒に引数のセル範囲も移動

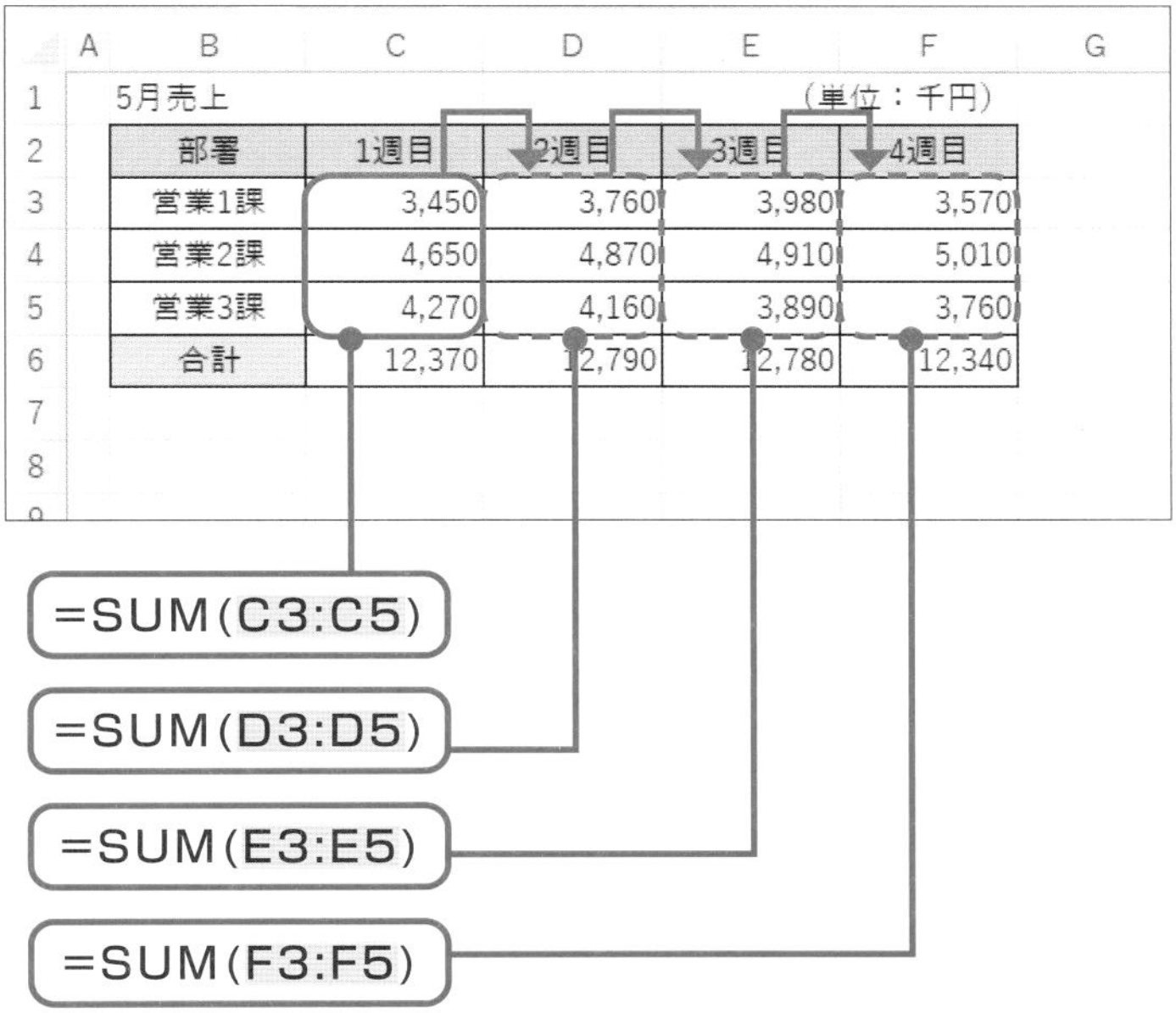

	A	B	C	D	E	F	G
1		5月売上				（単位：千円）	
2		部署	1週目	2週目	3週目	4週目	
3		営業1課	3,450	3,760	3,980	3,570	
4		営業2課	4,650	4,870	4,910	5,010	
5		営業3課	4,270	4,160	3,890	3,760	
6		合計	12,370	12,790	12,780	12,340	
7							
8							

One Point

- エクセルでは、数式をほかのセルにコピーすると、「相対参照」が働く
- 「相対参照」では、計算式をコピーすると、セル参照も同じ方向に移動する

Section 20

検索する範囲を固定する ～絶対参照

「絶対参照」とはコピーしても動かないセル参照

さて、ここからVLOOKUP関数の話に戻ろう。私たちは、VLOOKUP関数の式を下にコピーしたとき、引数「範囲」が一緒に下にずれてしまう点に困っていた。これは、相対参照のしくみによるものだ。

このような場合は、**計算式をコピーしてもセル参照が動かないように固定する必要がある。この設定を「絶対参照」という**。ここでは、C3セルに入力したVLOOKUP関数の式をコピーする前に、式の中に含まれる「範囲」の部分だけを「絶対参照」に設定すればよい。

**セル番地を絶対参照に変更するには、左ページの下の式のように、セル番地の英字と数字のそれぞれの前に「$」を付ける**。つまり、「H3:J7」というセル範囲の場合は、「$H$3:$J$7」のようになる。こうしておけば、そのあと関数をコピーしても、91ページのように、「範囲」のセル参照が勝手にずれることはなくなるのだ。

引数「範囲」がずれないよう「絶対参照」に設定する

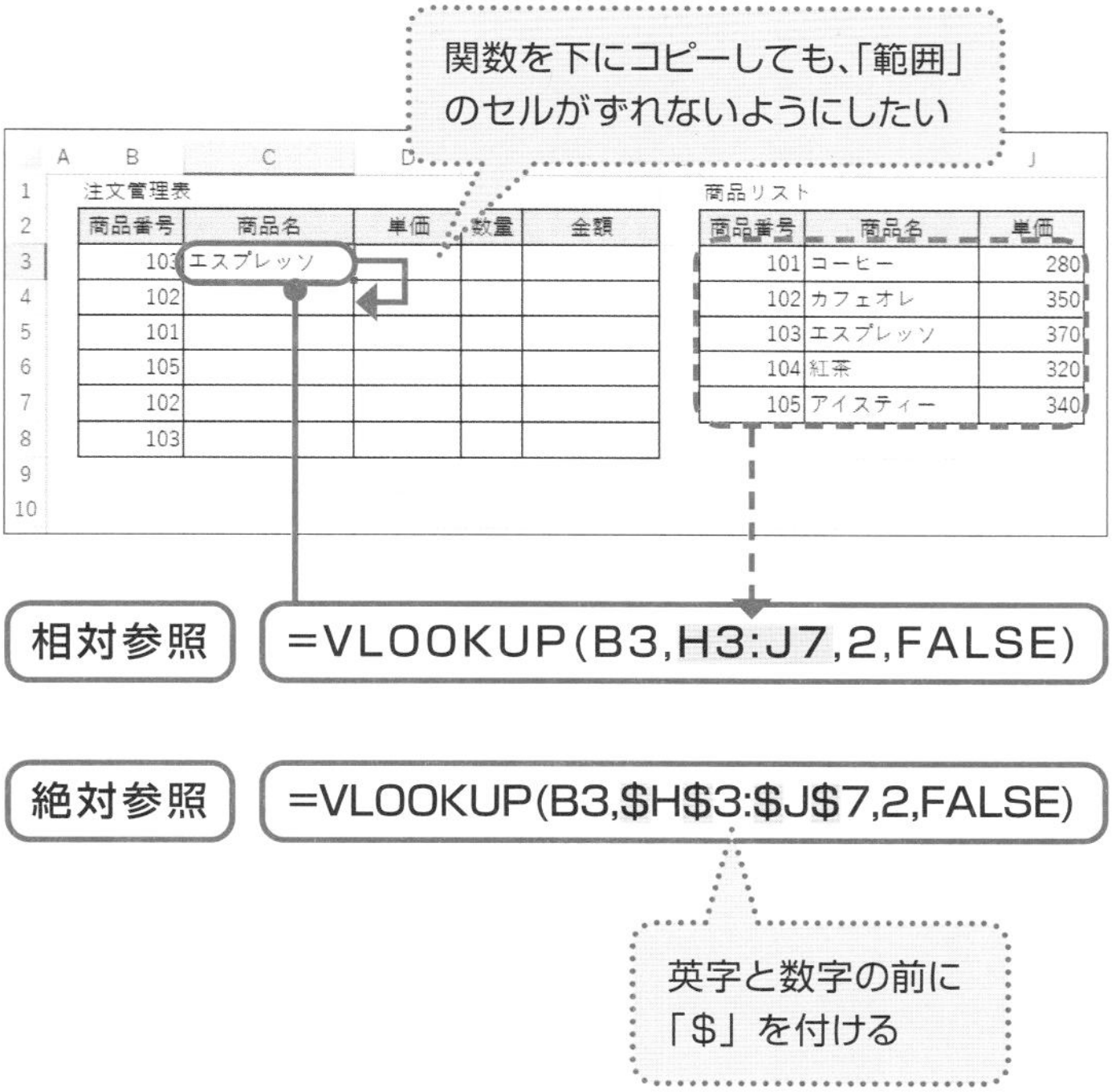

One Point

➔ 「絶対参照」では、計算式をコピーしても、セル参照は移動しない

●参照するセルを固定する

指定のルールがわかったところでさっそく実践だ。VLOOKUP関数の式を編集して、「範囲」の部分を絶対参照にしてみよう。まず、VLOOKUP関数を入力したC3セルをクリックして選び、関数を入力するときに使った「Fx」ボタンをもう一度クリックする。

すると、「関数の引数」ダイアログボックスが開くので、編集したい部分をクリックして書き換えることができる。ここでは、2番目の引数「範囲」の欄を変更する。ここには、「商品リスト」のセル範囲が「H3：J7」と表示されているはずだ。欄内をクリックして、セル番地の英字と数字の前に半角の「$」を1つずつ追加しよう。「$H$3：$J$7」と書き換えられたら編集は終了だ。

96ページでも説明した通り、セル番地の英字と数字の前に「$」を付けると、そのセル範囲は「絶対参照」に切り替わる。**絶対参照に変更したセルやセル範囲は、それを含む式がほかのセルにコピーされても移動することはない**。どのセルの数式からも常に同じ位置にあるセルを指定することができるのだ。「OK」ボタンをクリックしてダイアログボックスを閉じると、設定の変更がシート上の式に反映される。

VLOOKUP関数の式を編集する

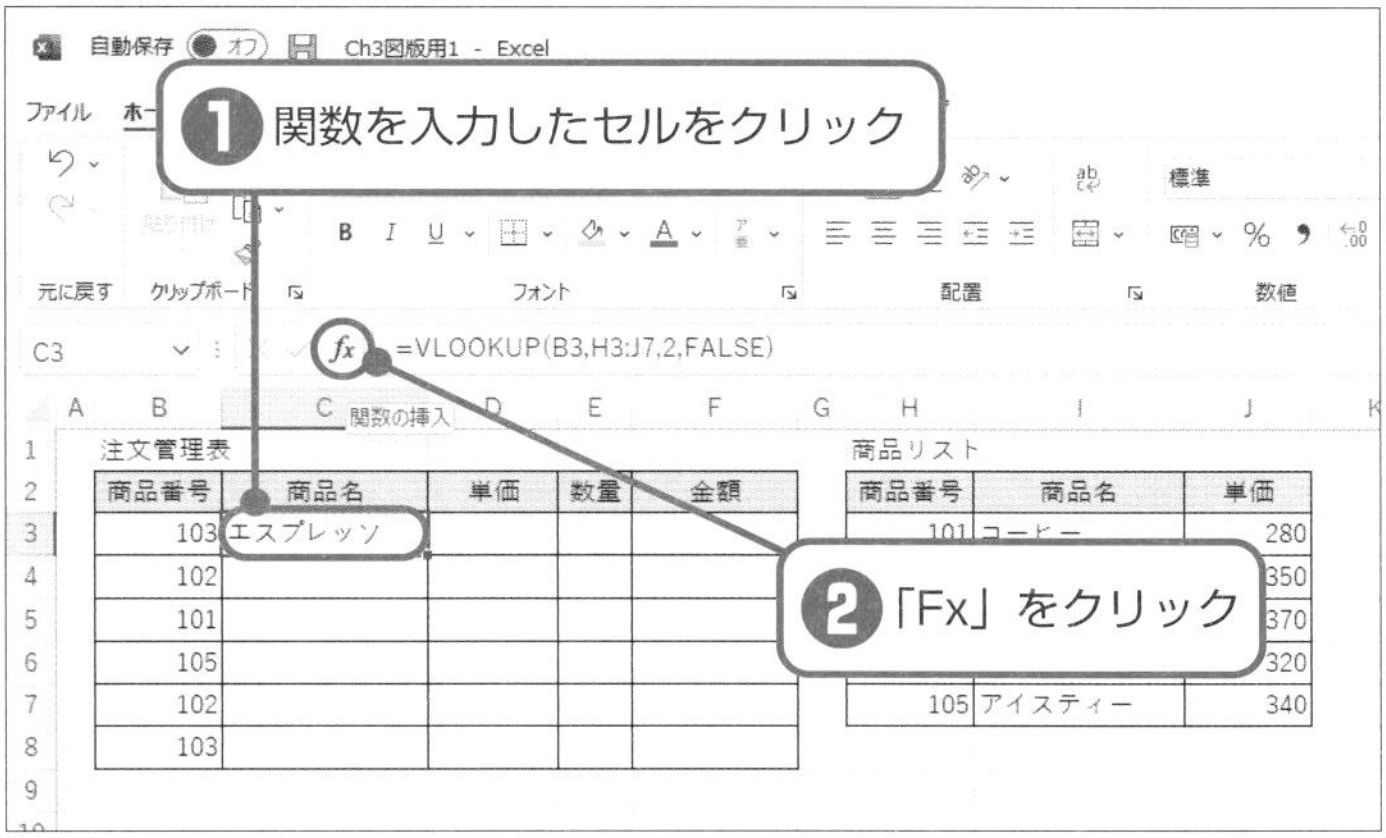

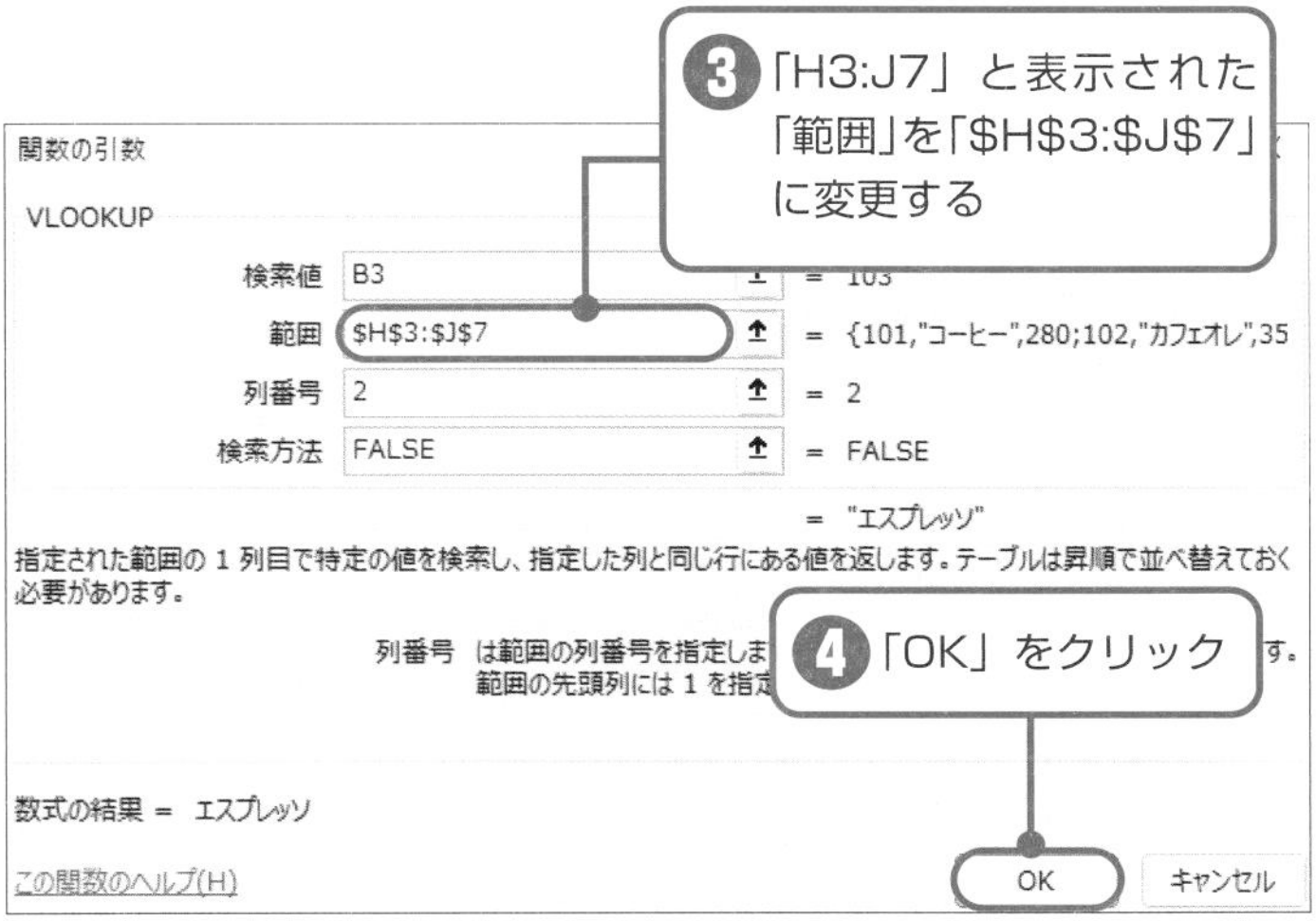

●正しく値が求められていることを確認する

ＶＬＯＯＫＵＰ関数の式を編集し、引数「範囲」が絶対参照に変更された。C3セルの結果は編集前と同じなので一見何も変わってないように思えるが、成果が表れるのはこのあとだ。編集後の式をほかのセルにコピーしてみよう。まずC3セルをクリックして選択し、右下角にポインターを合わせてC8セルまでドラッグすると、左ページ下の例のように、セルには次々と商品名が表示されるはずだ。

では、コピーされたＶＬＯＯＫＵＰ関数の式はどうなっているだろう。ためしにC8セルにコピーされた式を見てみると、「範囲」は「$H$3：$J$7」となっている。これは、98ページで編集した式の「範囲」と同じセル番地になる。つまり、コピー先のセルでも、「範囲」は動かずに固定されたままになっているのだ。

ここまでの内容をまとめよう。式で使われるセル番地の指定方法には、「相対参照」と「絶対参照」がある。ＶＬＯＯＫＵＰ関数の式をほかのセルにコピーするときには、「範囲」に指定した一覧表のセル番地が相対参照によって移動しないよう、あらかじめ「絶対参照」に変更しておく。そのあとセルをコピーすれば、正しい内容でＶＬＯＯＫＵＰ関数の式がコピーされるというわけだ。

編集したVLOOKUP関数の式をコピーする

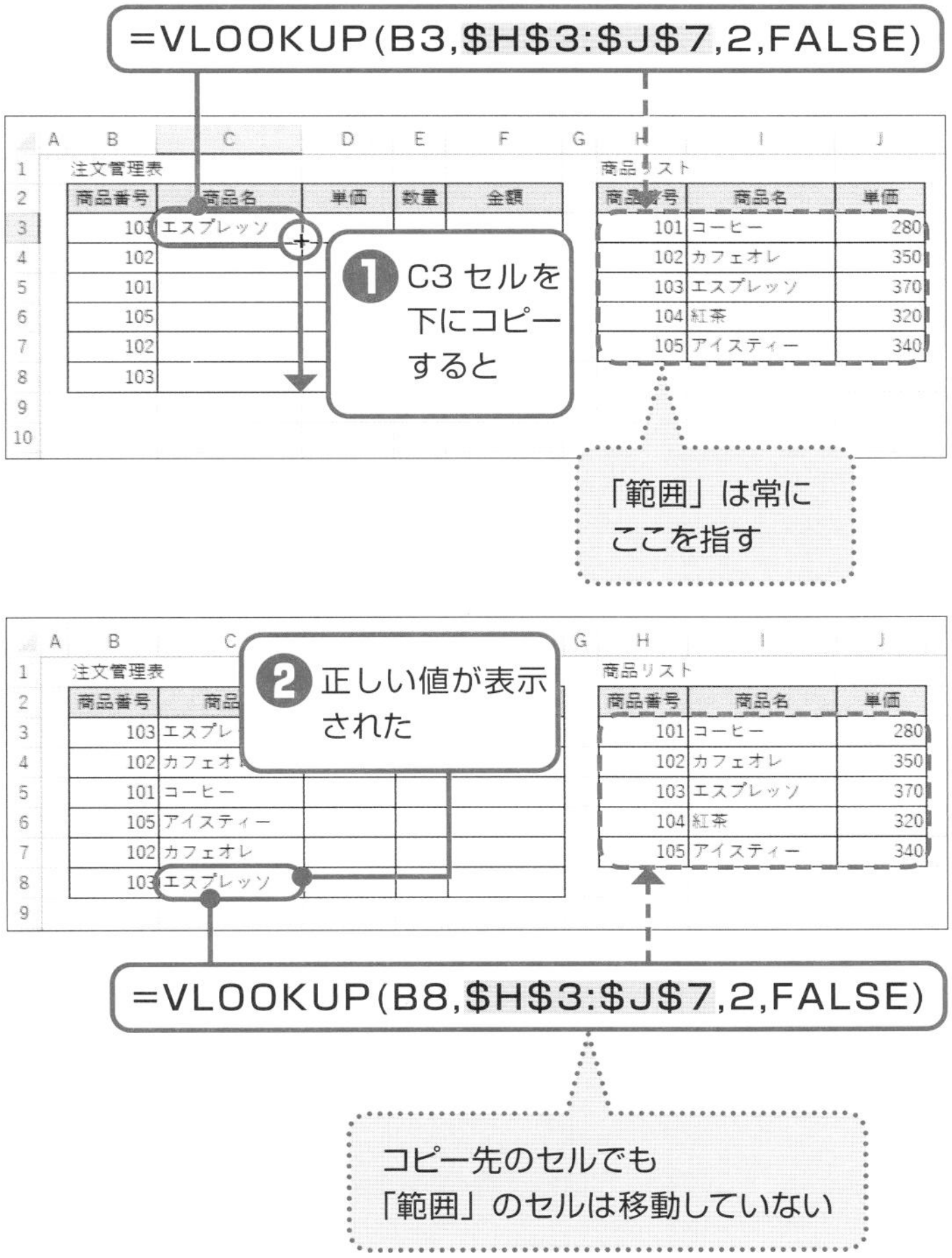

Section 21

関数を隣の列にコピーするとどうなる？

列方向にコピーして「単価」を求める

先ほどC3セルにVLOOKUP関数の式を入力して「商品名」を求めた。今度はこのC3セルの式を右のD3セルにコピーして、「単価」を求めたい。この場合、D3セルに入るVLOOKUP関数の式は、左ページの例のようになる。これを見ると、3番目の引数「列番号」だけが変わり、あとの引数は同じであることがわかるだろう。

引数の内容を順に追ってみよう。まず、B3セルの「商品番号」をもとに「商品リスト」から情報を検索する点は「単価」の場合も同様だ。また、「商品番号」が完全に一致するセルだけを検索の対象とする点も同じ。そのため、「検索値」、「範囲」、「検索方法」の3つの引数は「商品名」を求めたC3セルとそっくり同じになる。

ただし、「列番号」は変更しなければならない。「商品名」は「範囲」の一覧表の2列目にあるが、「単価」は3列目に入力されているためだ。

VLOOKUP関数を右にコピーして「単価」を求める

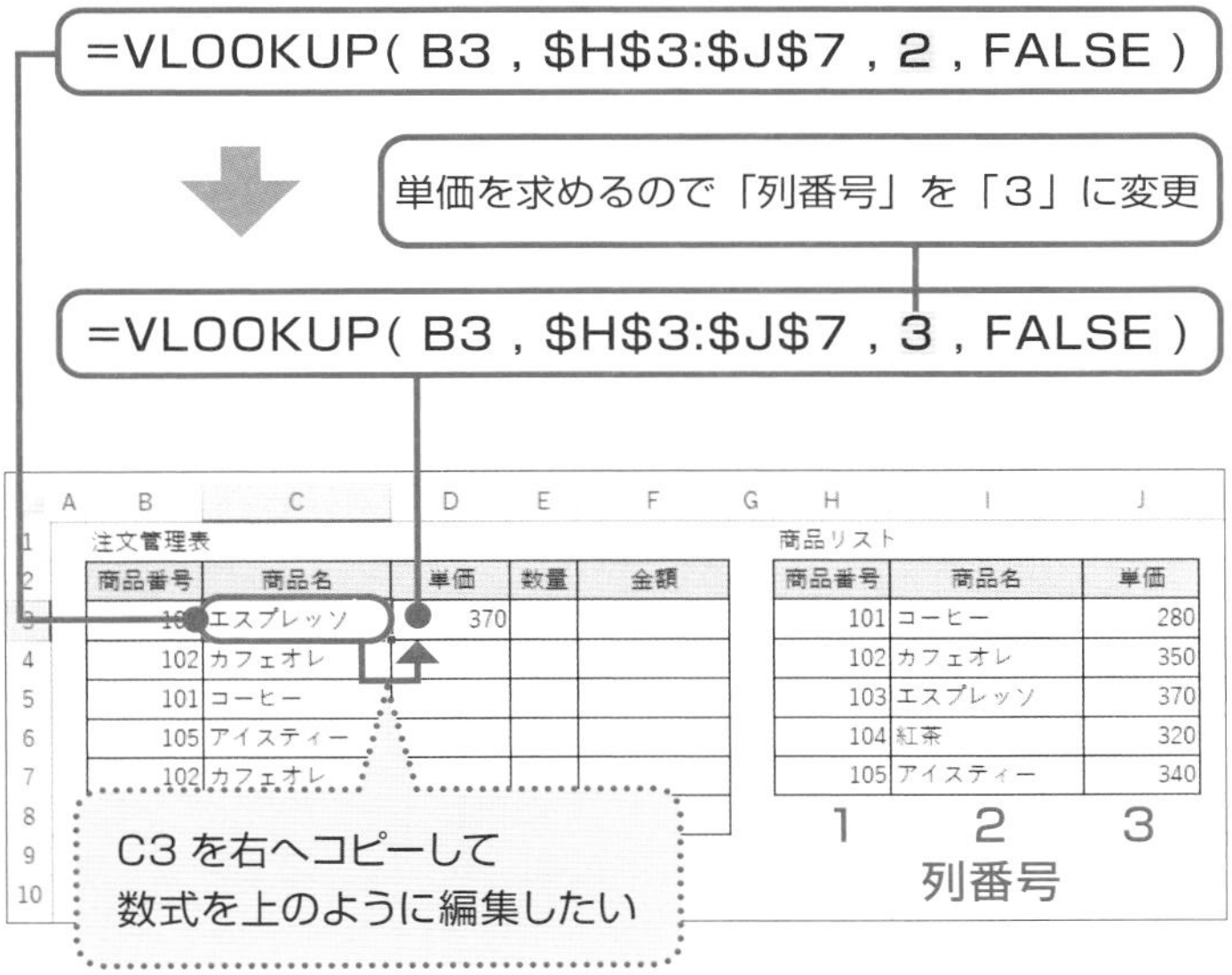

エラーが消えない原因を考える

では実際にやってみよう。まず、C3セルを選び、オートフィル操作を使って右のD3セルへコピーをする。するとD3セルには「#N/A」というエラー値が表示されてしまう。ただし、この段階では、まだ引数「列番号」を変更していない。現在の列番号「2」を削除して「3」に変更すれば、エラーはなくなるはずだ。

コピーされた関数の内容を変更するには、「関数の引数」ダイアログボックスを表示する。ここでは、エラー値が表示されたD3セルをクリックして、数式バー左側にある「Fx」ボタンをクリックすればよい。これで「関数の引数」ダイアログボックスが開く。あとは、3番目の引数「列番号」の内容を「2」から「3」に変更するだけだ。

ところが、「OK」ボタンをクリックしてダイアログボックスを閉じても、D3セルに表示されたエラーは、依然として残ったままになってしまった。

「列番号」を「2」から「3」に変えたので、引数「範囲」の表である「商品リスト」の左から3列目、つまり「単価」の列が参照されるはずだ。にもかかわらず、エラー値のままになるということは、まだ何かVLOOKUP関数の式に問題があるようだ。

列番号を変更してもエラーになる

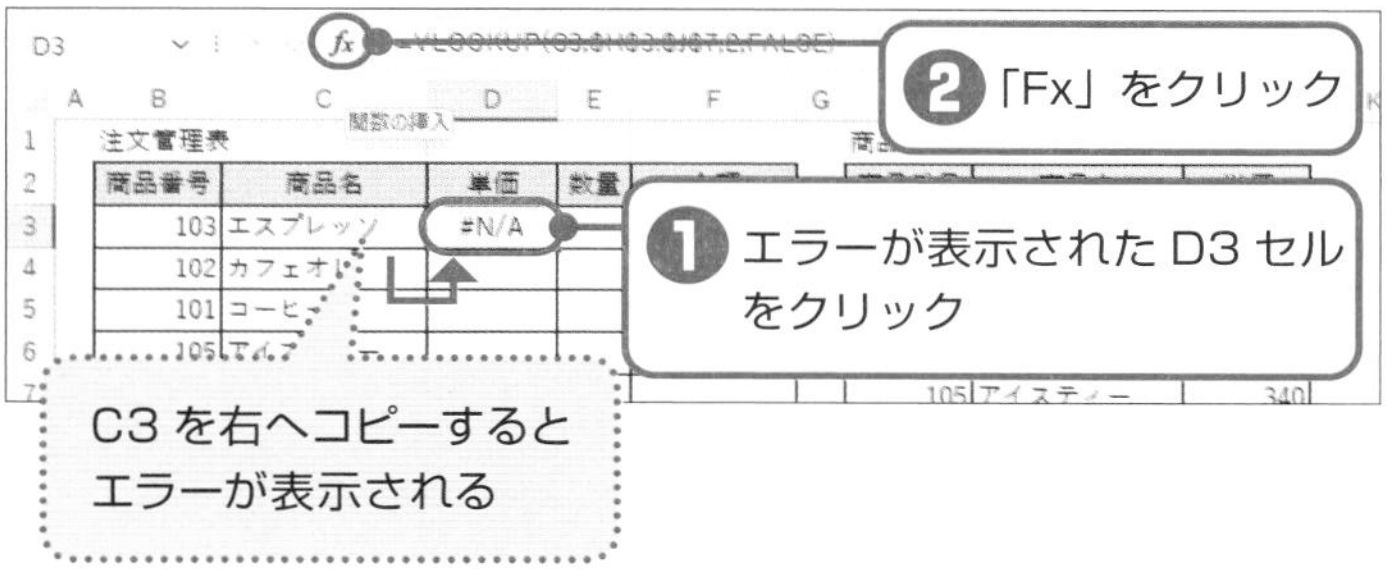

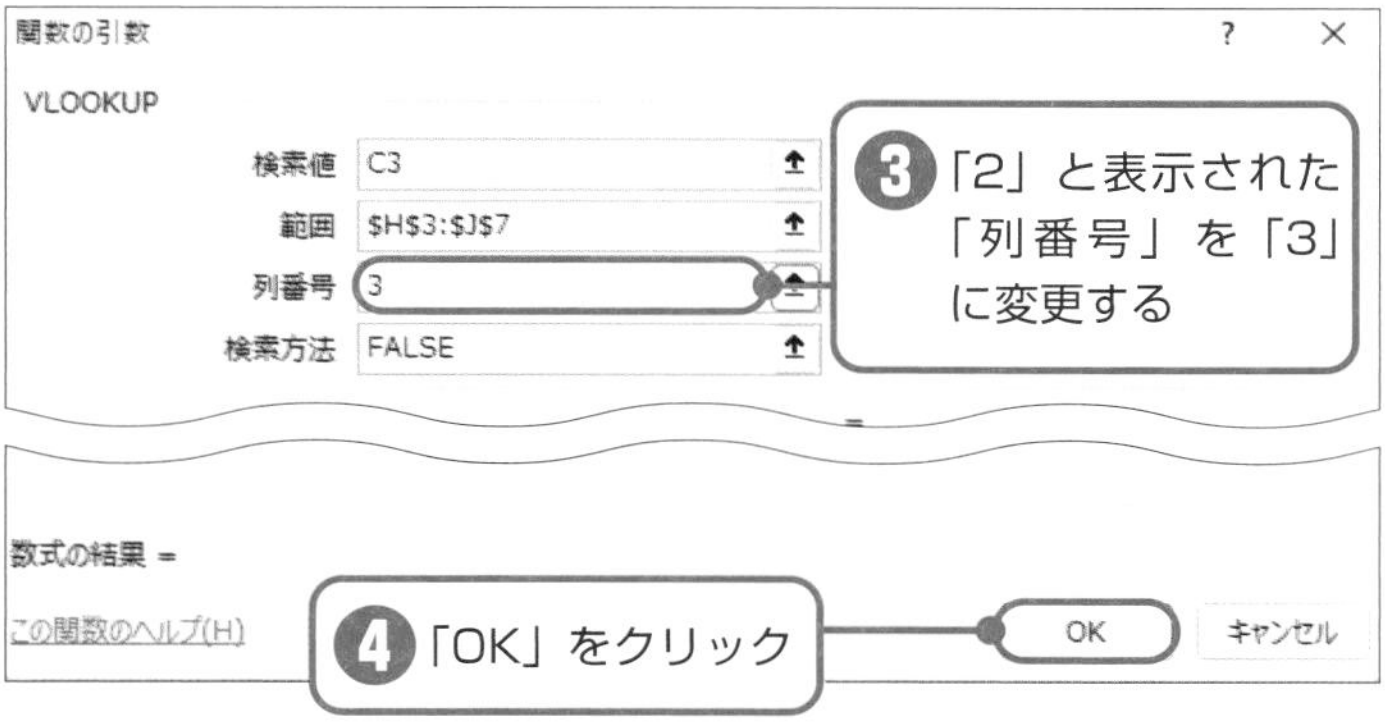

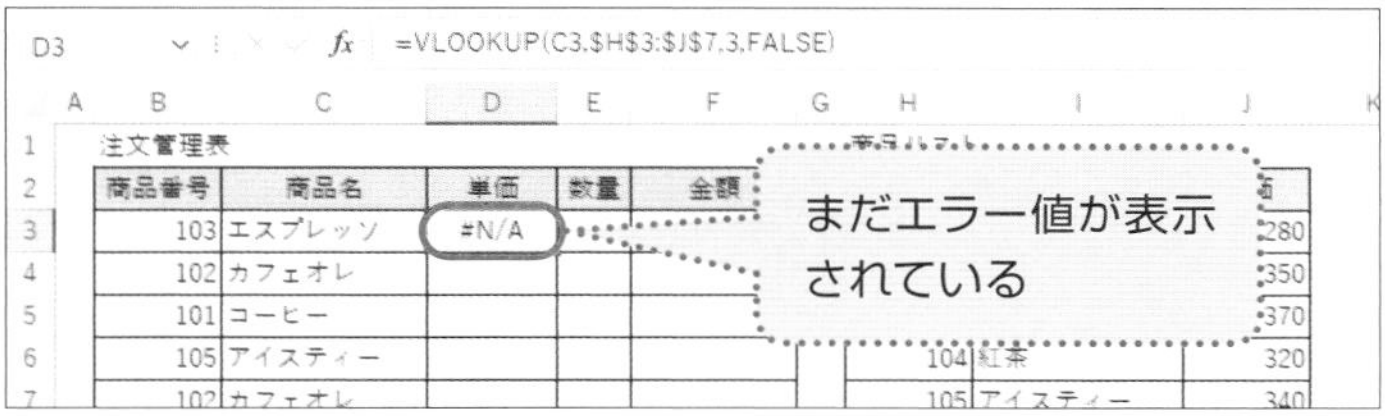

●今回も関数の引数がおかしい？

現在D3セルに入力されているＶＬＯＯＫＵＰ関数の数式は左ページの例のようになっている。カッコ内の引数を見てみよう。

２番目の引数「範囲」は「$H$3：$J$7」となっている。これは、１０２ページで確認しておいた通り、H3セルからJ7セルまでの「商品リスト」のデータ範囲を指しているので正しい。３番目の引数「列番号」は、「関数の引数」ダイアログボックスを開いて２列目から３列目になるよう変更した。４番目の引数である「検索方法」は「ＦＡＬＳＥ」のままでよいため、これも問題ないことは一目でわかる。

エラーの原因は、最初の引数「検索値」にある。現在、「検索値」には、「C3」と表示されている。ところが、C3セルは、ＶＬＯＯＫＵＰ関数で「商品名」を自動表示させたセルだ。D3セルに入るべきＶＬＯＯＫＵＰ関数の式では、「検索値」はB3セルでなければおかしい。そう、「検索値」が１つ右にずれてしまっているのだ。

原因は相対参照だ。「検索値」に指定したセル番地「B3」は相対参照になっている。そのため、ＶＬＯＯＫＵＰ関数の式を右のセルにコピーしたときに、関数の式と一緒に右へずれてしまうためだ。

エラーの原因は「検索値」が右にずれたため

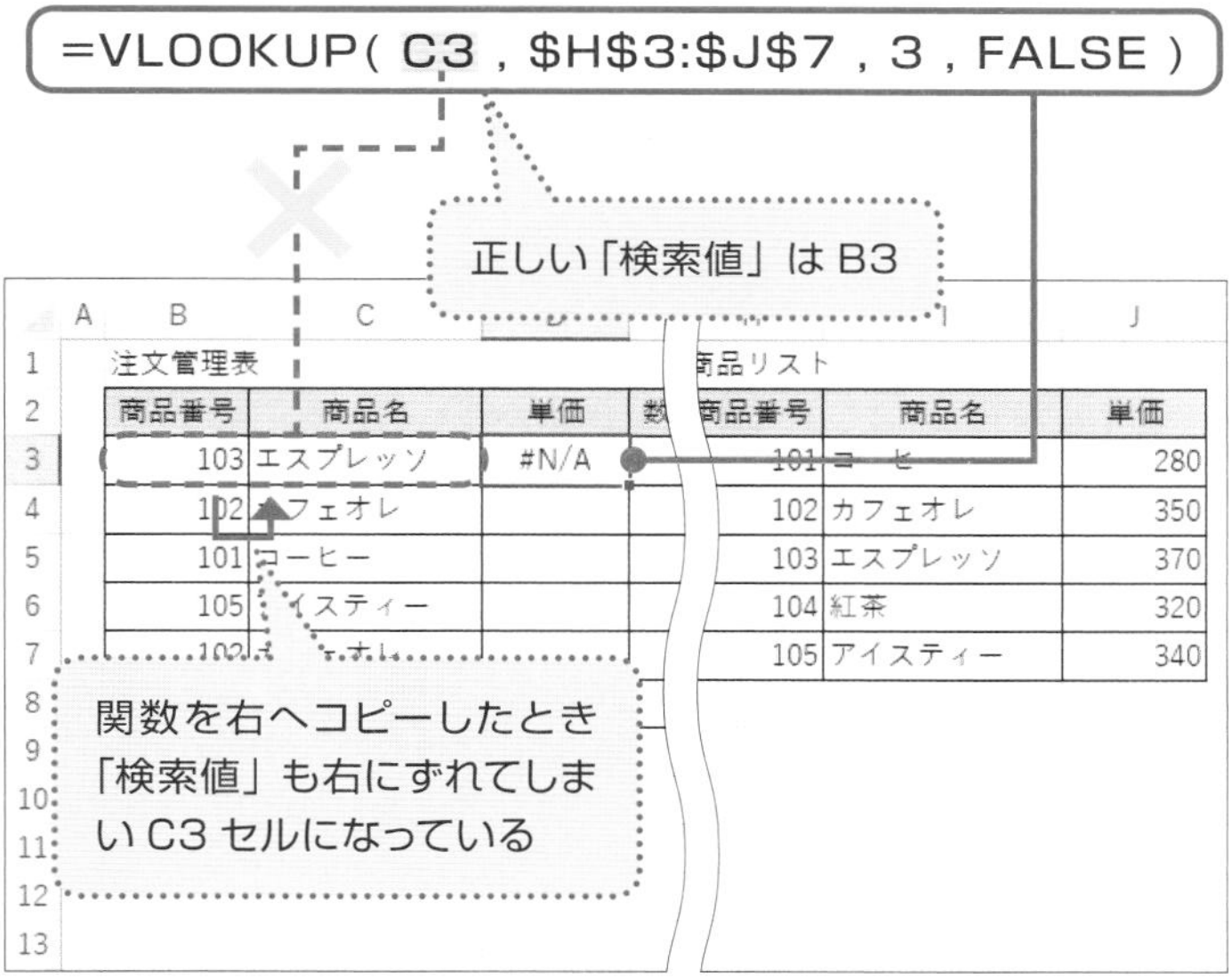

One Point

➔ エラーが起きた原因は、「検索値」に指定したセル番地が、相対参照によってずれてしまったため

絶対参照で関数を修正する

またしても相対参照で勝手にセル参照がずれてしまい、エラーになった。「範囲」と同様、「検索値」も絶対参照にすれば、移動しなくなるはずだ。さっそく試そう。

まず、コピーするC3セルをクリックして選択し、「Fx」ボタンを押して「関数の引数」ダイアログボックスを表示する。次に、「検索値」に表示されたセル番地「B3」を「$B$3」と絶対参照に変更してから、C3セルを改めて選び、右のD3セルにコピーする。するといったんはD3セルにも「商品名」が表示されるが、その数式の「列番号」を「3」に変更すれば、今度は正しく単価が表示された。

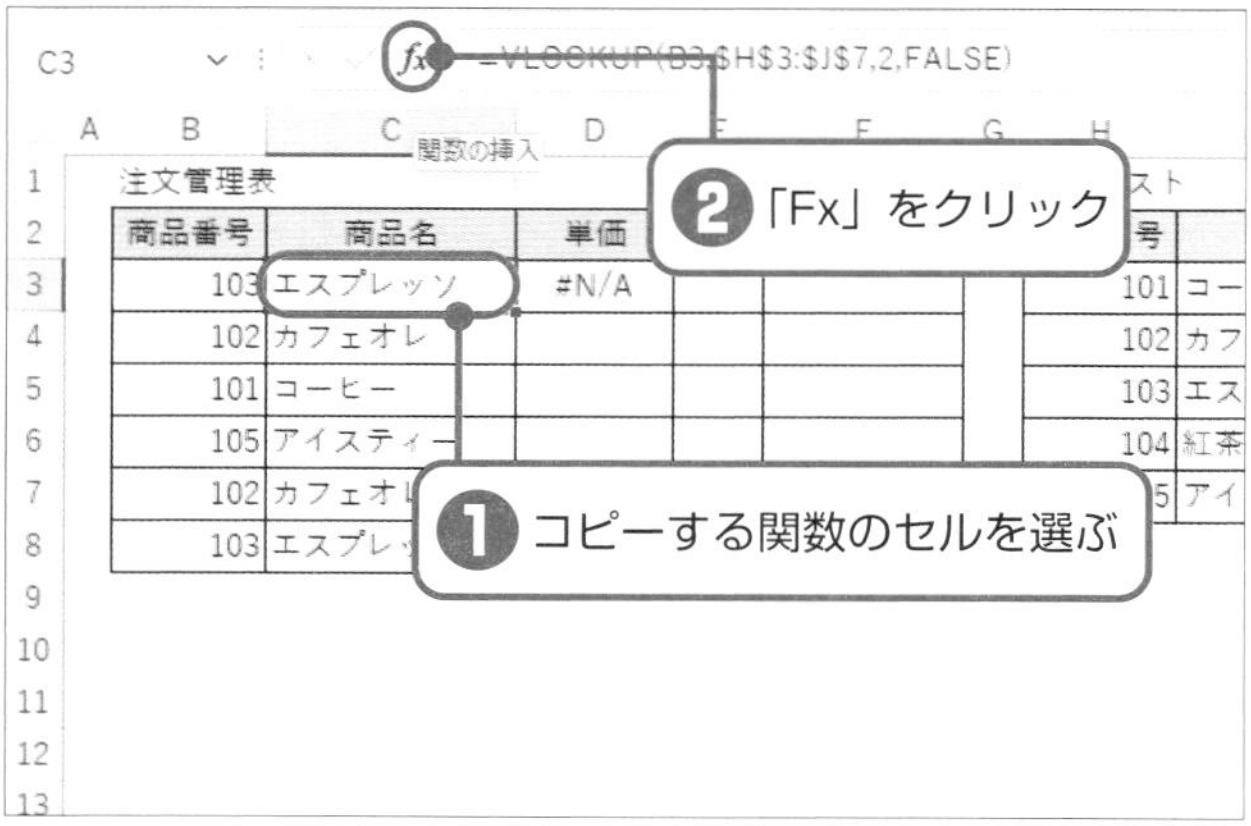

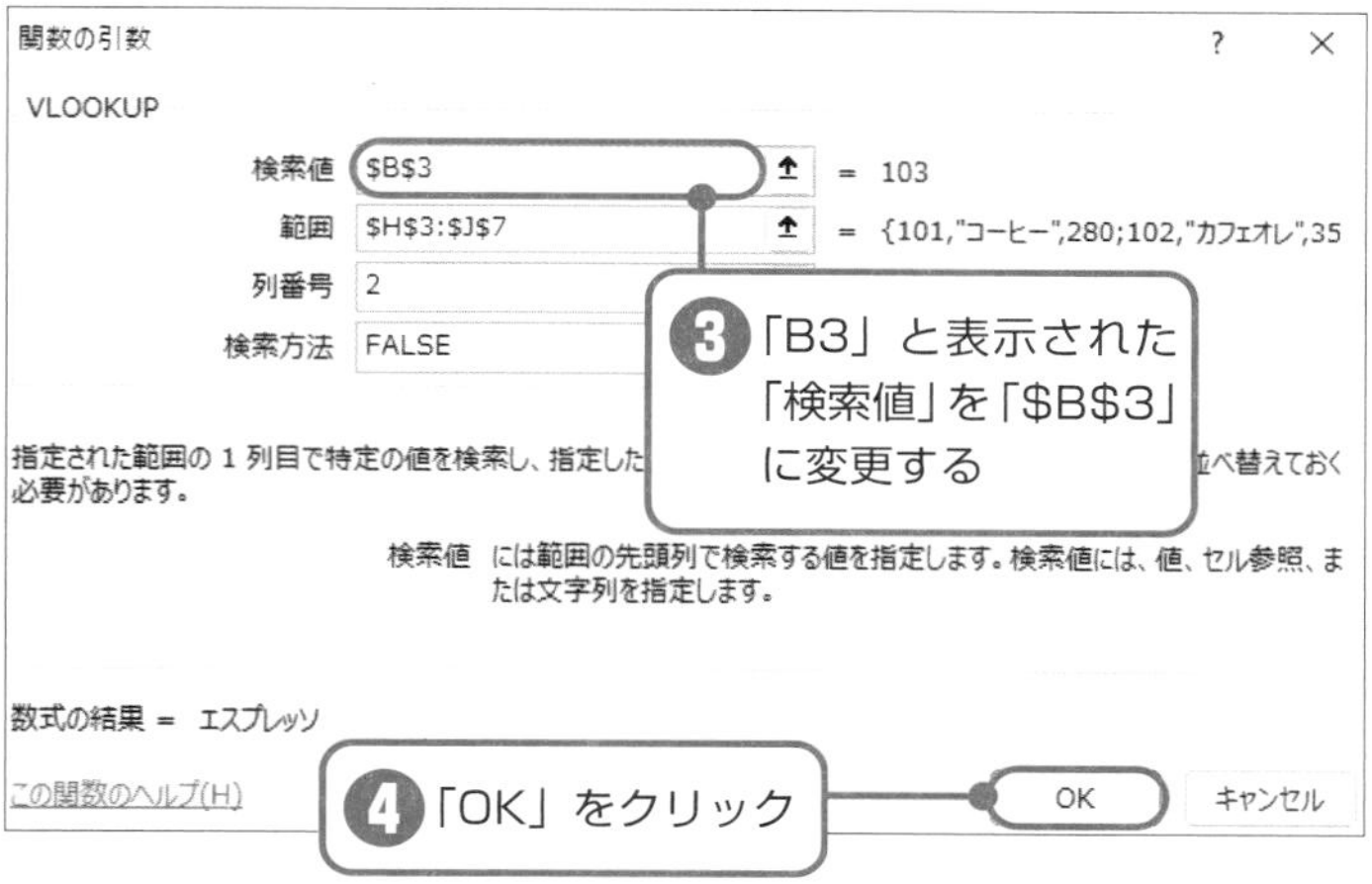
関数の引数
VLOOKUP
検索値 $B$3 = 103
範囲 $H$3:$J$7 = {101,"コーヒー",280;102,"カフェオレ",35
列番号 2
検索方法 FALSE
指定された範囲の 1 列目で特定の値を検索し、指定した
並べ替えておく
必要があります。
検索値 には範囲の先頭列で検索する値を指定します。検索値には、値、セル参照、または文字列を指定します。
数式の結果 = エスプレッソ
この関数のヘルプ(H)
OK
キャンセル
3「B3」と表示された「検索値」を「$B$3」に変更する
4「OK」をクリック

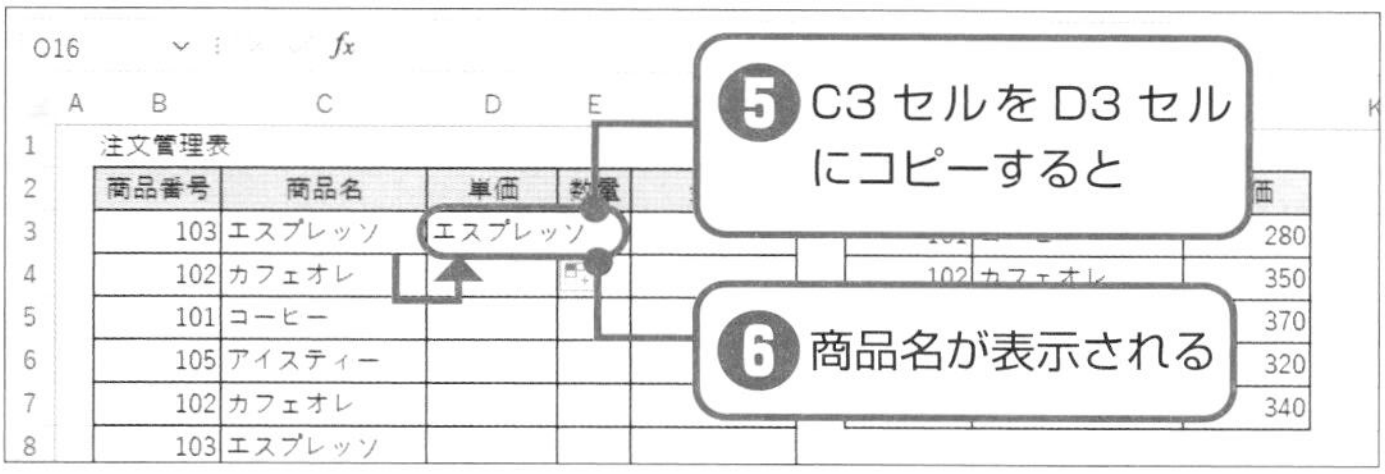
O16
fx
注文管理表
商品番号
商品名
単価
数量
103 エスプレッソ
エスプレッソ
102 カフェオレ
101 コーヒー
105 アイスティー
102 カフェオレ
103 エスプレッソ
280
350
370
320
340
5 C3 セルを D3 セルにコピーすると
6 商品名が表示される

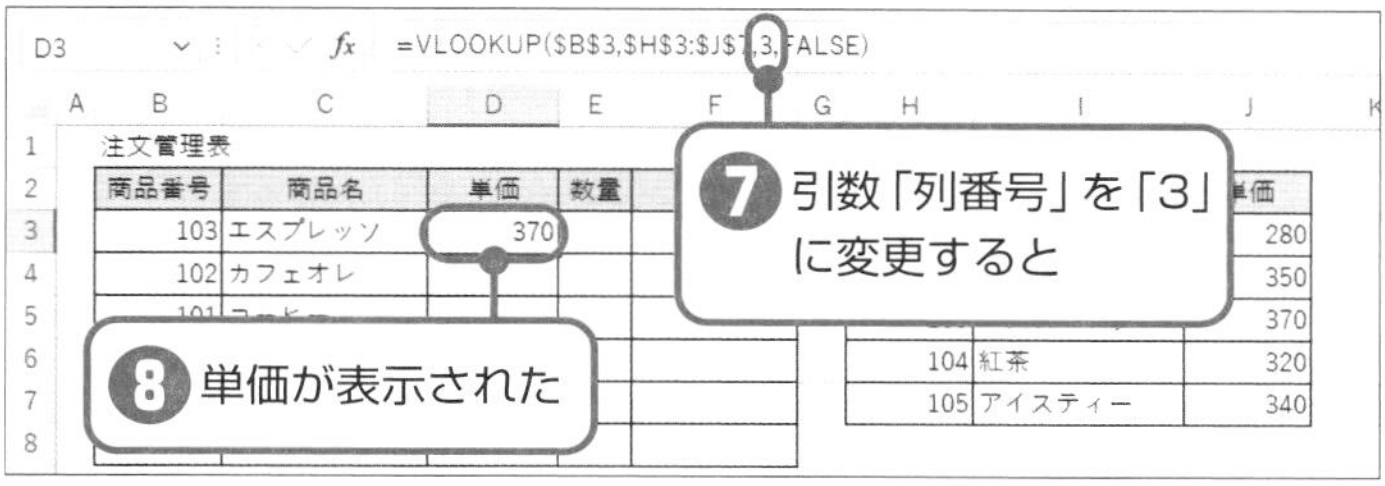
D3
fx
=VLOOKUP($B$3,$H$3:$J$7,3,FALSE)
注文管理表
商品番号
商品名
単価
数量
103 エスプレッソ
370
102 カフェオレ
104 紅茶
105 アイスティー
280
350
370
320
340
7 引数「列番号」を「3」に変更すると
8 単価が表示された

●同じ値ばかりが出るのはなぜ？ 行と列に注目する

B3セルの参照形式を絶対参照に変えると、ようやくD3セルに1件目の単価が表示された。そこで、D3セルにコピーされたＶＬＯＯＫＵＰ関数の式を、今度は下にコピーしよう。これで、D4からD8セルにもそれぞれの商品の単価が表示されるはずだ。ところが、いざコピーしてみると、コピー先セルの「単価」が全部同じになってしまった。ちなみにＢ列に入力された商品番号は、「１０２」、「１０５」、「１０１」とさまざまだ。商品番号によって商品が違うのだから、単価ももちろん異なるはずだ。

そこで、コピーされたＶＬＯＯＫＵＰ関数の計算式をいくつかピックアップして、その内容を確認してみた。すると、左ページの例のように、最初の引数「検索値」がどれも「$B$3」となっていて、B3セルを一斉に参照していることがわかった。つまり、B3セルに入力された商品番号「１０３」で常に検索しているということだ。

本来なら、コピー先のセルが移動して行が変われば、「検索値」もその行に入力された商品番号にならなければおかしい。だが、ここでは、行に関係なく常にB3セルを見てしまっているわけだ。これでは当然、正しい単価は表示されない。

ではこれをどのように直せばよいのだろう。

表示された単価の式を下にコピーすると…

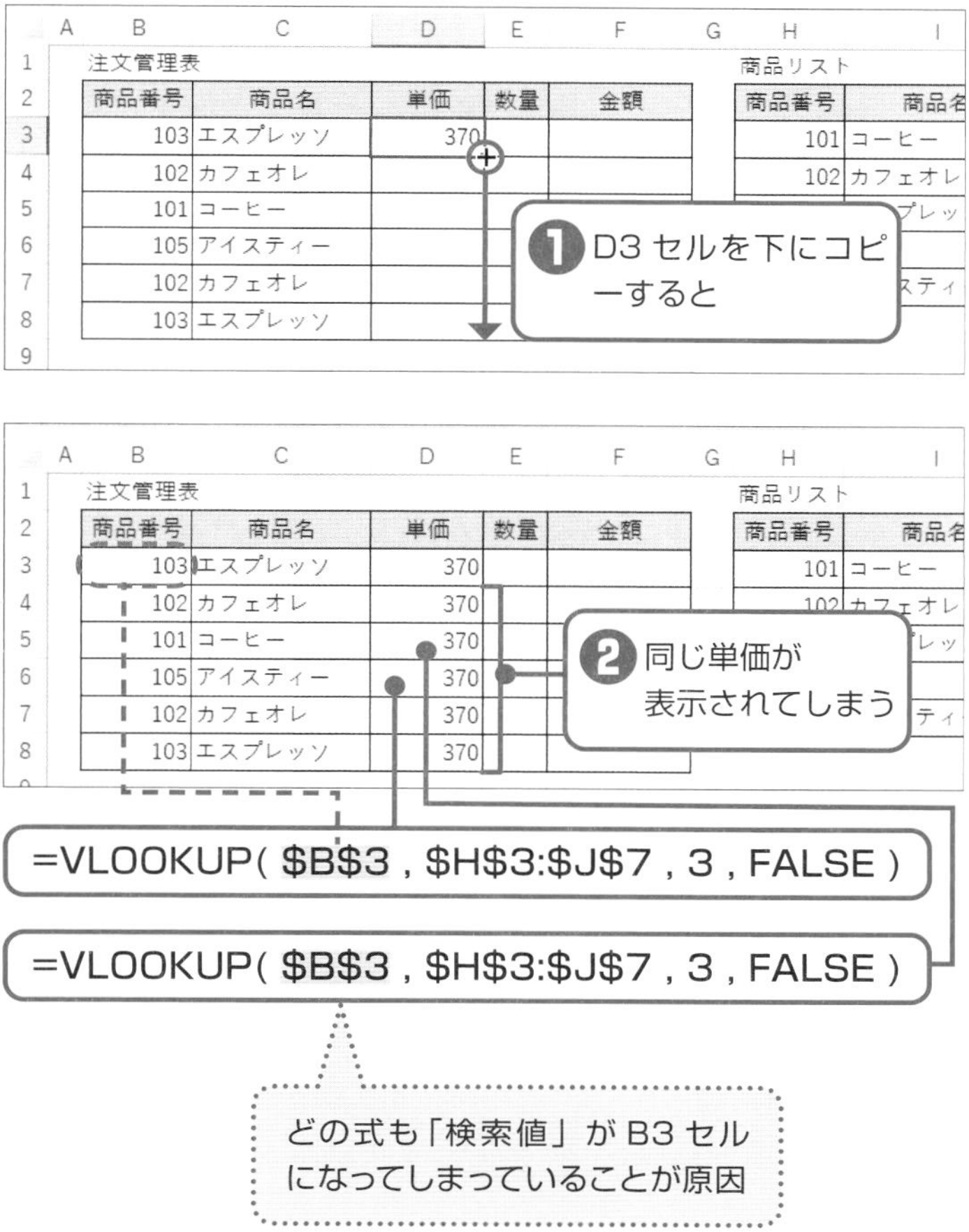

Section 22

列だけ固定して検索する

コピーの方向とセルの移動を確認する

エクセルの数式では、セル番地は初期状態で「相対参照」になる。数式が入力されたセルをコピーすると、コピー先のセル位置に合わせて、式の中で参照しているセル番地が移動するのはそのためだ。ところで、セルのコピーには、「下」つまり「行方向」にコピーする場合と、「右」つまり「列方向」にコピーする場合の2種類がある。左ページの例では、A1セルに、E1セルの内容を参照する数式を「=E1」と入力した。次に、そのA1セルを行方向、列方向のそれぞれの方向にコピーしてみよう。行方向にコピーする場合は、数式内のセル番地も一緒に下に移動するので、「行番号」が変化し、列方向にコピーする場合は、「列番号」が変わる。

なお、相対参照で勝手に移動しては困る場合には「絶対参照」に設定する。絶対参照の場合を示したのが一番下の例だ。E1セルを「$E$1」と絶対参照に変更してからコピーすると、参照先のセルは動かず、どこからでもE1セルを参照するようになる。

コピーには行方向と列方向の2つがある

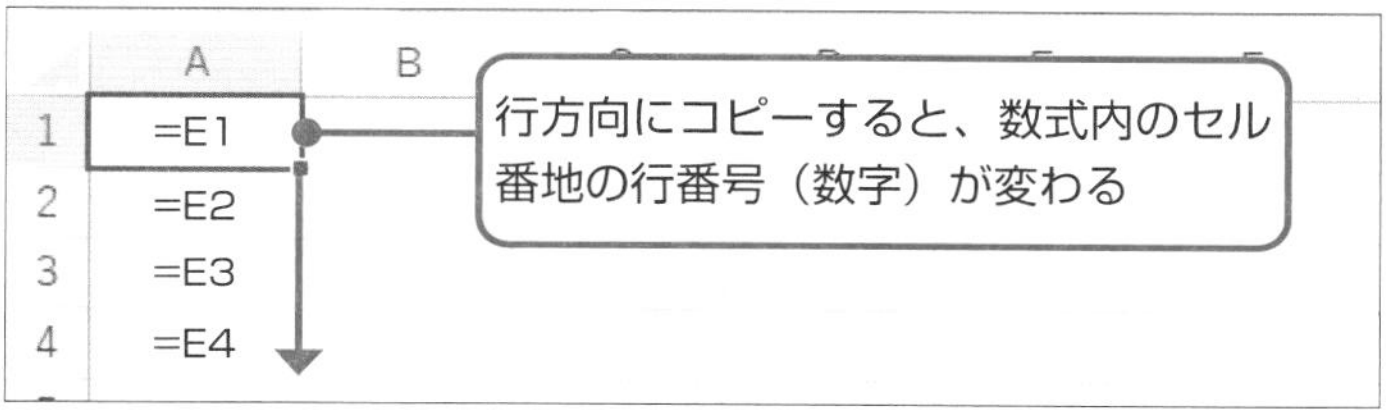

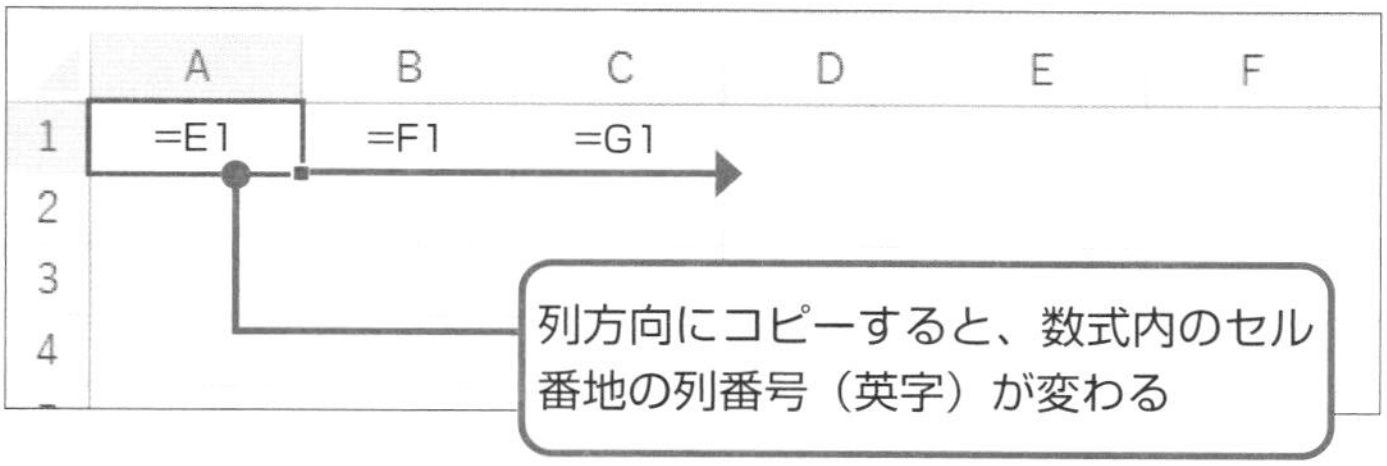

絶対参照では、コピーしても参照先は変わらない

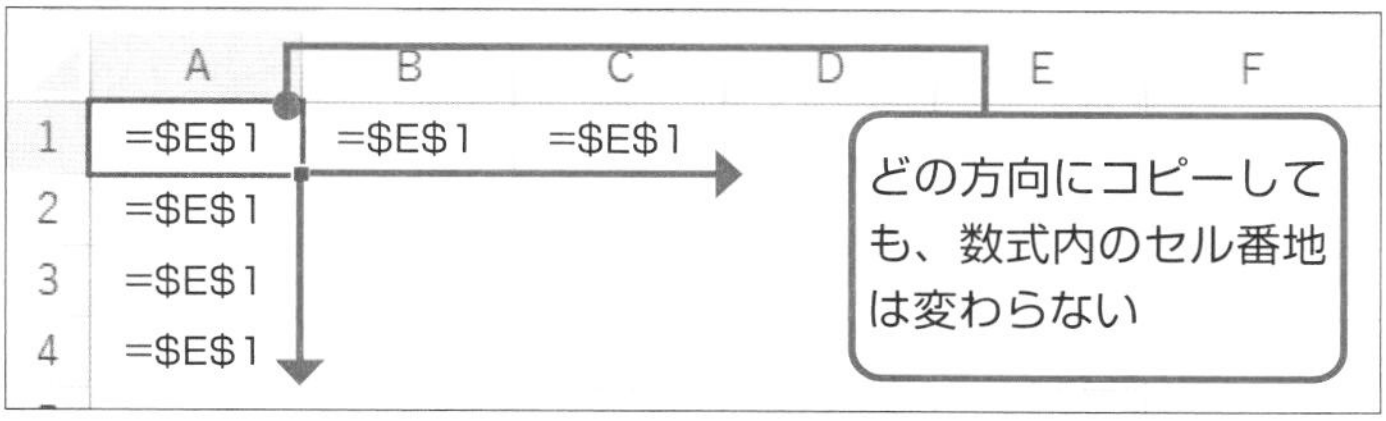

●列だけを固定して参照したい

左ページの例に戻ろう。最初にC3セルを1つ右にコピーする。このとき、「検索値」はB3セルで固定されていないと困る。そこで１０８ページで「検索値」を絶対参照に変更した。C3セルの式をD3セルにコピーしたあと、ほかの商品の「単価」を求めるため、今度は下にコピーした。このとき、「検索値」のB3セルも同じように下方向に移動すれば、それぞれの行の「商品番号」に対応する「単価」が正しく求められる。

つまり、**正しい「単価」を求めるには、「検索値」が右方向のコピーには固定だが、下方向のコピーには移動するようにしたい**のだ。

ここで、セル番地の構造を思い出そう。セル番地の英字部分は「列」を表し、数字部分は「行」を表す。絶対参照では、「$B$3」のように英字と数字の前にそれぞれ「$」を付けた。「$」は対象が動かないように止めておくピンのようなものだと想像しよう。英字と数字の両方に「$」が付くと、コピーしたときに行・列の両方向に動かないよう2つのピンで固定される。これを**下に移動できるように変更するには、行方向のピンだけを外す**。つまり、行番号の前の「$」だけを削除して、「$B3」とすればよいわけだ。

B3 セルを下に移動するにはどうする？

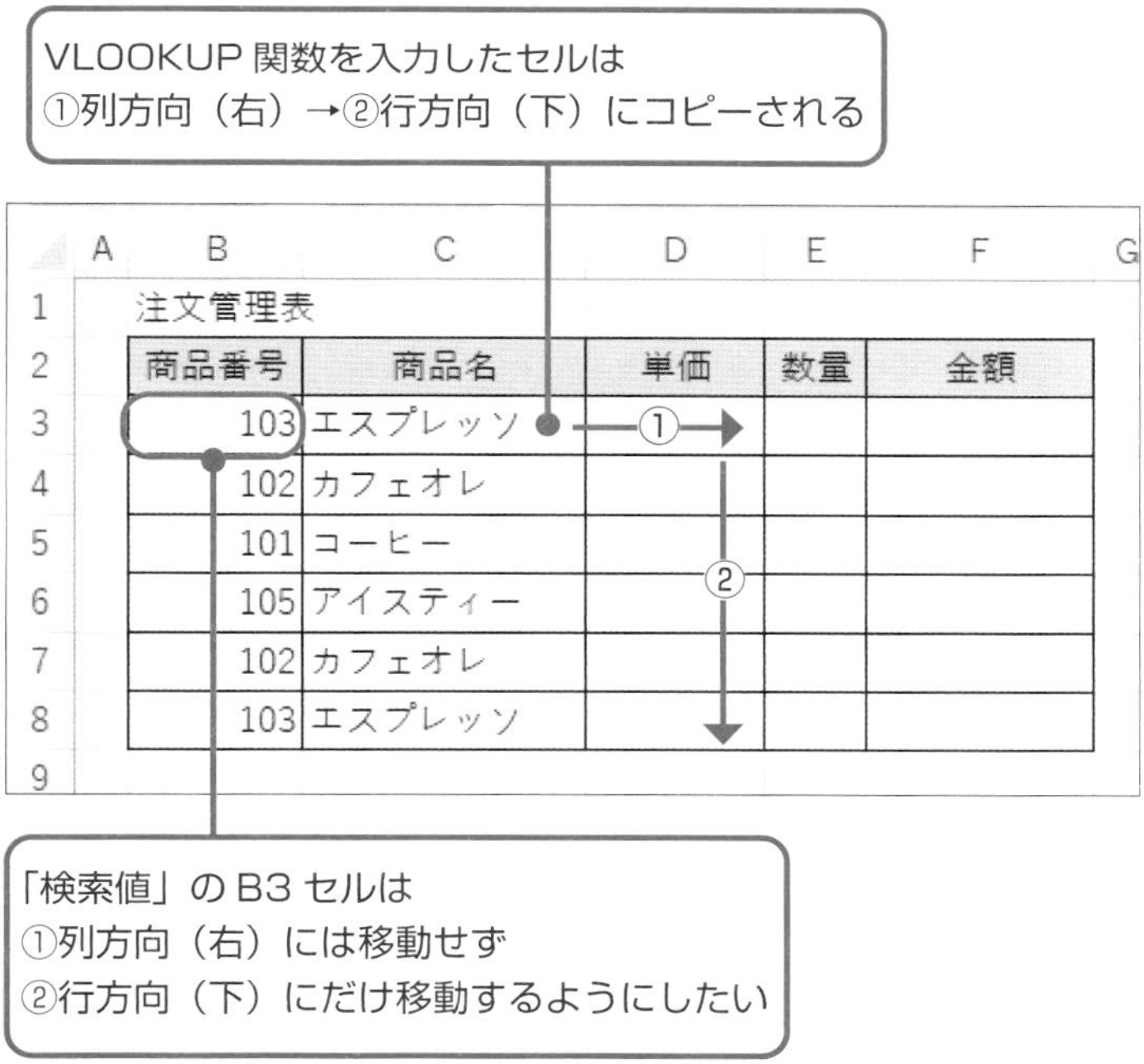

One Point

- $B$3・・・列・行どちらの方向にも動かない
- $B3・・・列方向は固定、行方向には動く

列だけを固定するように関数を修正

では、VLOOKUP関数の式をもう一度変更してみよう。修正の対象となるのは、最初にVLOOKUP関数を入力したC3セルだ。

まずC3セルを選択し、「Fx」ボタンをクリックして、「関数の引数」ダイアログボックスを表示する。次に、「検索値」に表示されたセル番地「$B$3」の数字の前の「$」を削除。セル番地を「$B3」に変えて「関数の引数」ダイアログボックスを閉じる。それから、編集が完了したC3セルの式を、右のD3セルにコピーする。いったん「商品名」が表示されるので、「列番号」を「3」に変更する。あとは、D3セルを下にコピーすれば、「商品番号」に応じた「単価」が正しく表示されるはずだ。

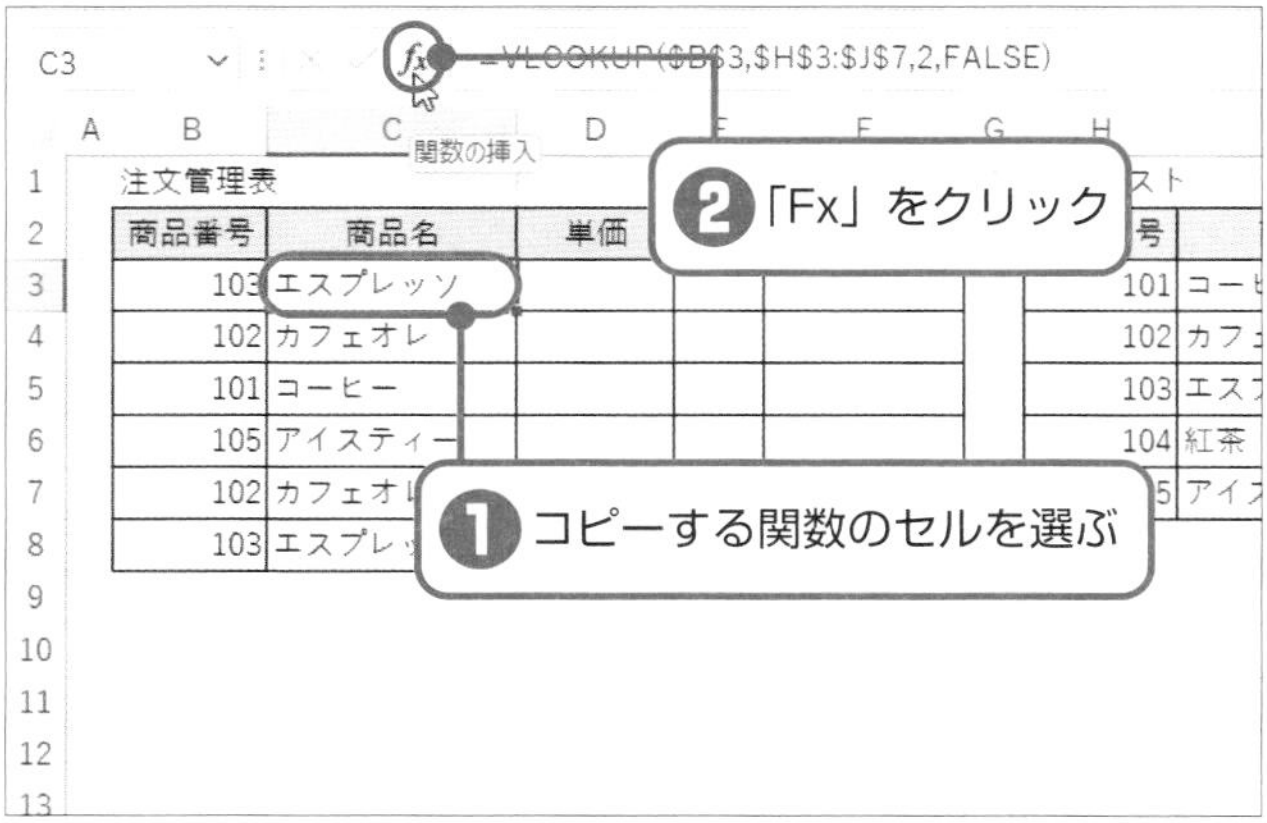

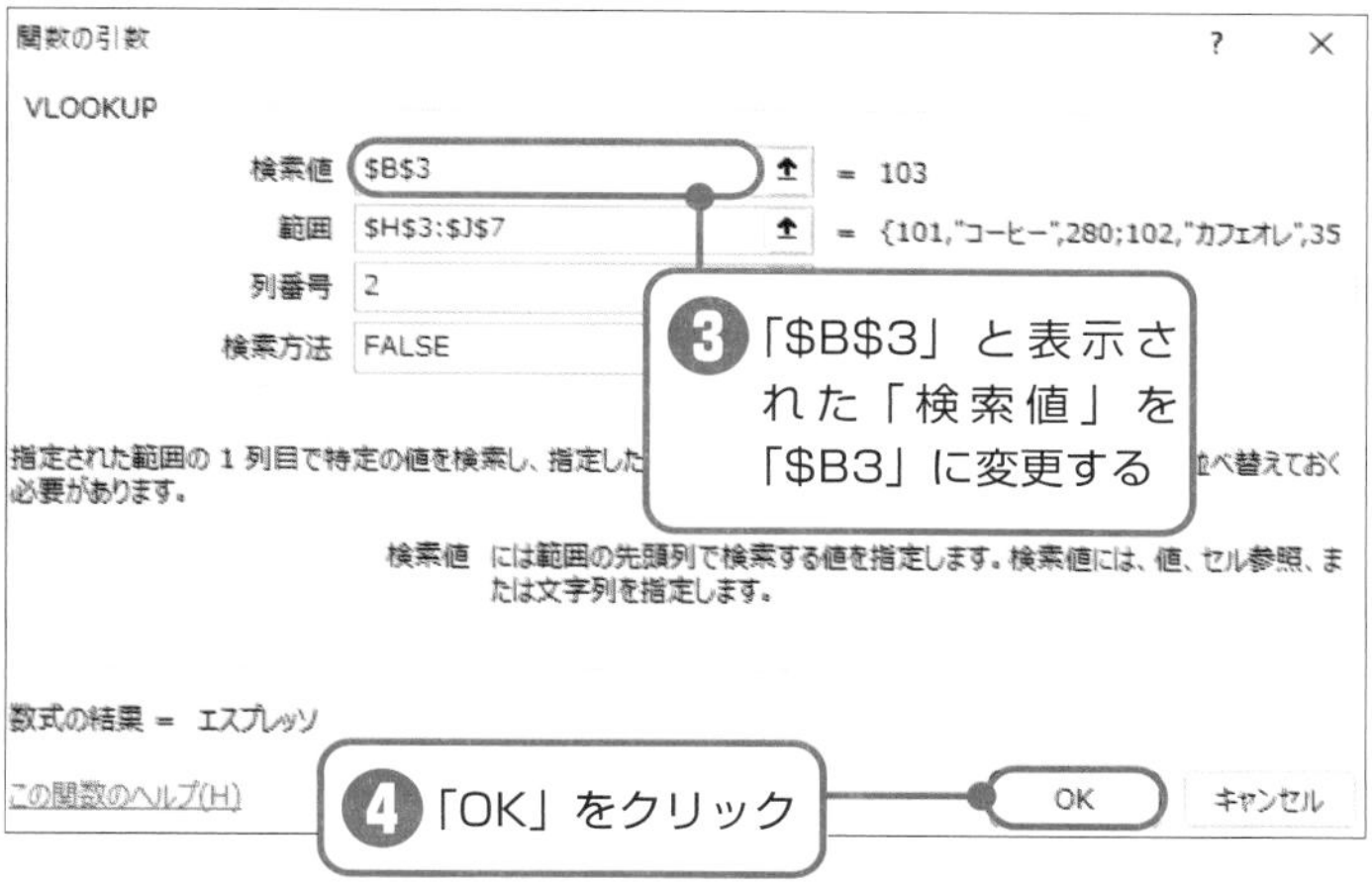
関数の引数
VLOOKUP
検索値 $B$3 = 103
範囲 $H$3:$J$7 = {101,"コーヒー",280;102,"カフェオレ",35
列番号 2
検索方法 FALSE
指定された範囲の 1 列目で特定の値を検索し、指定した
必要があります。
検索値 には範囲の先頭列で検索する値を指定します。検索値には、値、セル参照、または文字列を指定します。
数式の結果 = エスプレッソ
この関数のヘルプ(H)
OK
キャンセル
3 「$B$3」と表示された「検索値」を「$B3」に変更する
4 「OK」をクリック

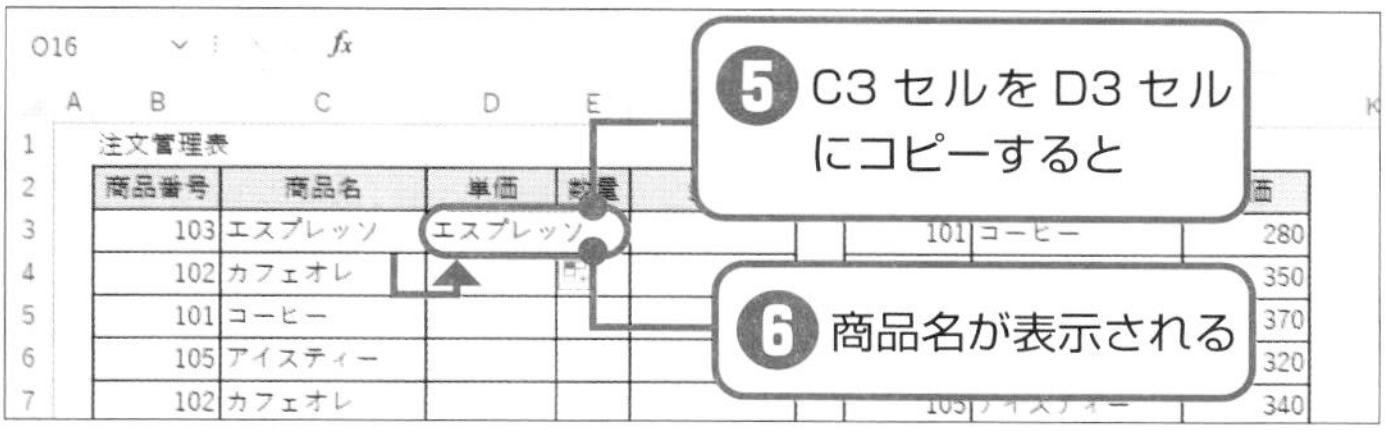
注文管理表
商品番号
商品名
単価
数量
エスプレッソ
カフェオレ
コーヒー
アイスティー
5 C3 セルを D3 セルにコピーすると
6 商品名が表示される

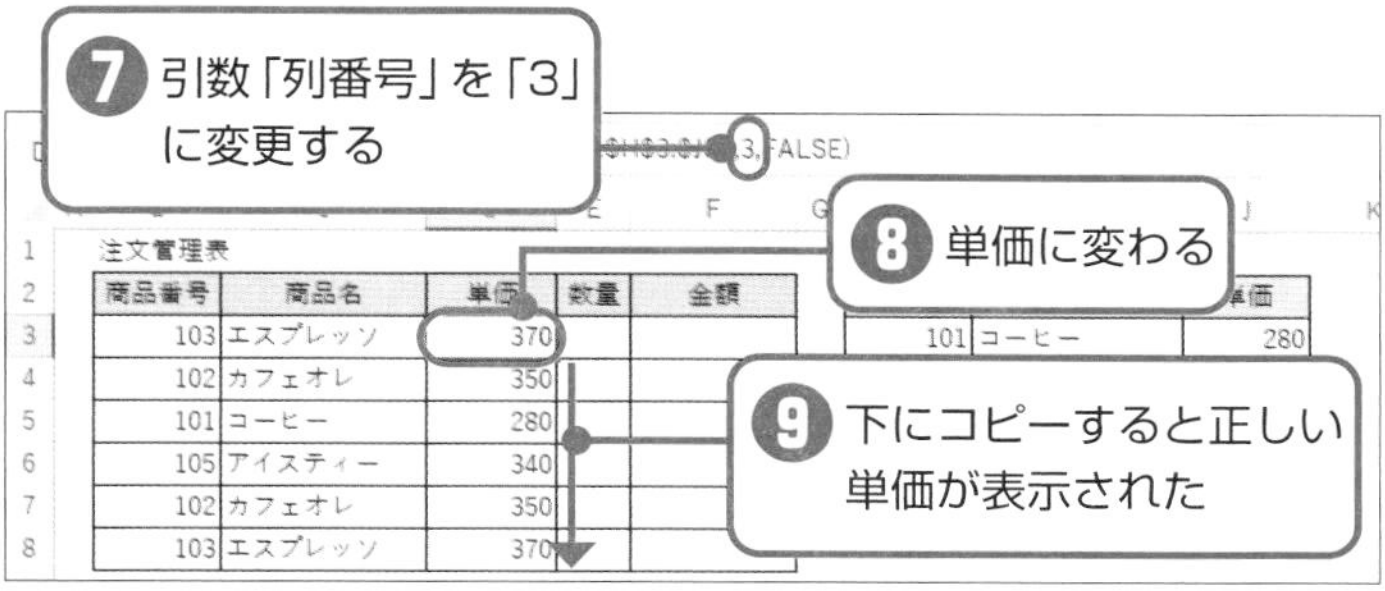
注文管理表
商品番号
商品名
単価
数量
金額
エスプレッソ
カフェオレ
コーヒー
アイスティー
7 引数「列番号」を「3」に変更する
8 単価に変わる
9 下にコピーすると正しい単価が表示された

Section 23

別のシートからでも検索できる

参照表が別シートにある場合も検索可能

ＶＬＯＯＫＵＰ関数で検索したい一覧表が、常に同じシートにあるとは限らない。むしろ業務では、ＶＬＯＯＫＵＰ関数を入力する表とは別シートになっていることが一般的だ。だが、安心してほしい。ＶＬＯＯＫＵＰ関数では、別シートの表からでもちゃんと検索できる。

実際、**引数「範囲」の一覧表は、関数を入力する表とはシートを分けておく方が何かと便利**なことが多い。一覧表が同じシートに作られていると、ＶＬＯＯＫＵＰ関数を入力した表を編集しているうちに、参照する一覧表のセル番地がずれてしまう可能性があるが、別々のシートになっていれば、そのようなトラブルもないからだ。

左ページの例では、引数「範囲」の表は「商品リスト」というシートに作られていて、ＶＬＯＯＫＵＰ関数を入力する「注文管理」というシートとは別になっている。

では、実際に別シートを参照する場合の操作のポイントを確認しよう。

別シートにある表を「範囲」に指定する

注文管理表

商品番号	商品名	単価	数量	金額
103	エスプレッソ	370		
102	カフェオレ	350		
101	コーヒー	280		
105	アイスティー	340		
102	カフェオレ	350		
103	エスプレッソ	370		

注文管理　商品リスト

=VLOOKUP($B3, 商品リスト!$A$3:$D$15 , 2 , FALSE)

商品リスト

商品番号	商品名	単価	テイクアウト
101	コーヒー	280	あり
102	カフェオレ	350	あり
103	エスプレッソ	370	あり
104	紅茶	320	あり
105	アイスティー	340	あり
201	チョコクッキー	400	あり

注文管理　商品リスト

別シートの表から検索したい

●ほかのシートにある表を「範囲」に指定する

１１９ページの例を使って、「商品リスト」というシートにある表を、ＶＬＯＯＫＵＰ関数の引数「範囲」に設定してみよう。**別のシートに参照表がある場合は、「関数の引数」ダイアログボックスで引数「範囲」を指定するときに、そのシートに切り替えてから、実際のセル範囲をドラッグ**して選べばよい。

まず、関数を入力するセルを選び、70ページの操作を参考にＶＬＯＯＫＵＰ関数の「関数の引数」ダイアログボックスを開く。「検索値」を指定したら、「範囲」の欄をクリック。続けて、「範囲」の表が入力されているシートのシート見出しをクリックする。これでシートが切り変わるので、あとは、情報を検索したい一覧表の範囲をドラッグして選択すればよい。「範囲」には、「商品リスト！A3：D15」のように、ほかのシートへのセル参照が自動で入力される。

なお、「範囲」には、シート名に続けて半角の「!」が表示され、そのうしろに一覧表の範囲のセル番地が入力される。たとえば「商品リスト！A3：D15」とあるのは、「『商品リスト』というシートのA3からD15まで」のセル範囲の意味だ。あとは、「列番号」と「検索方法」を指定すればＶＬＯＯＫＵＰ関数の入力は完了だ。

別シートの表を「範囲」に指定する

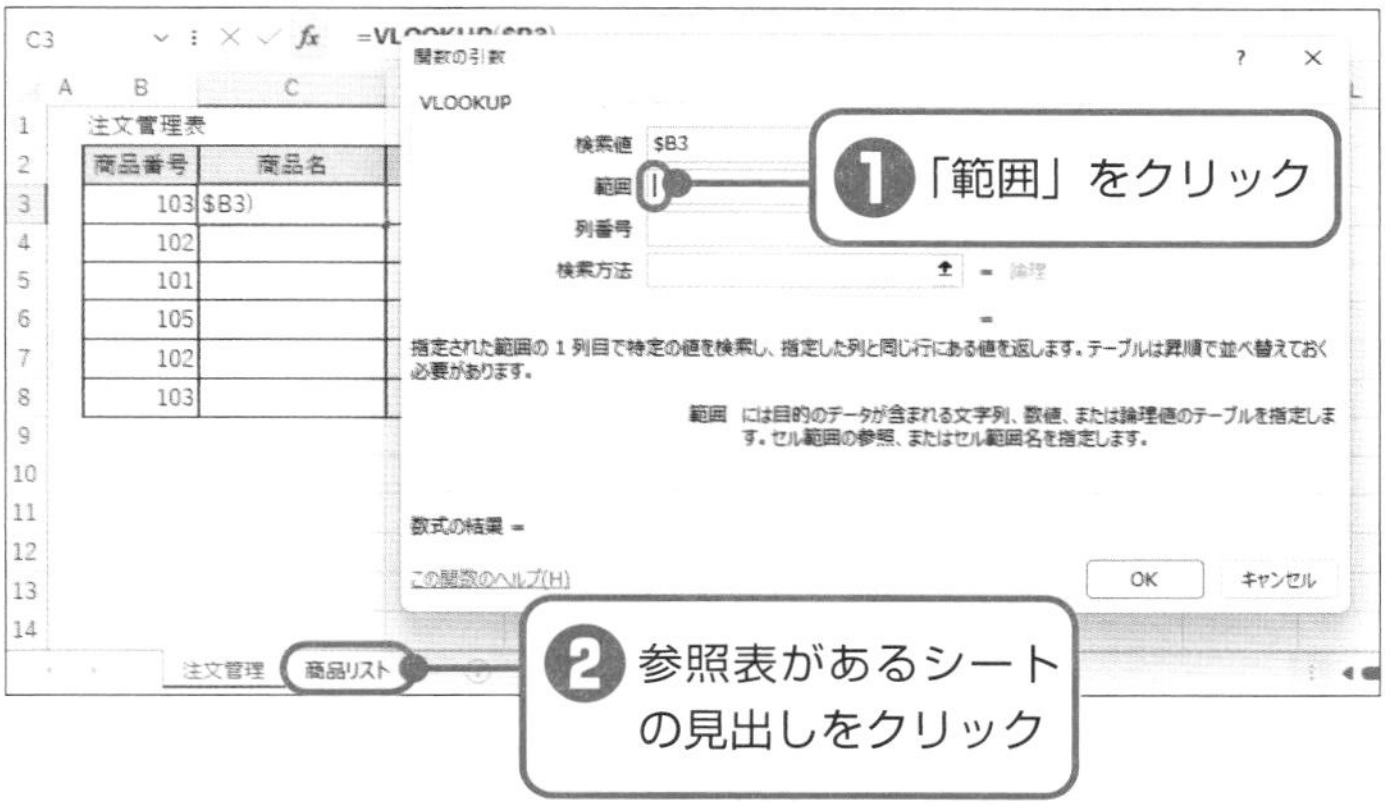

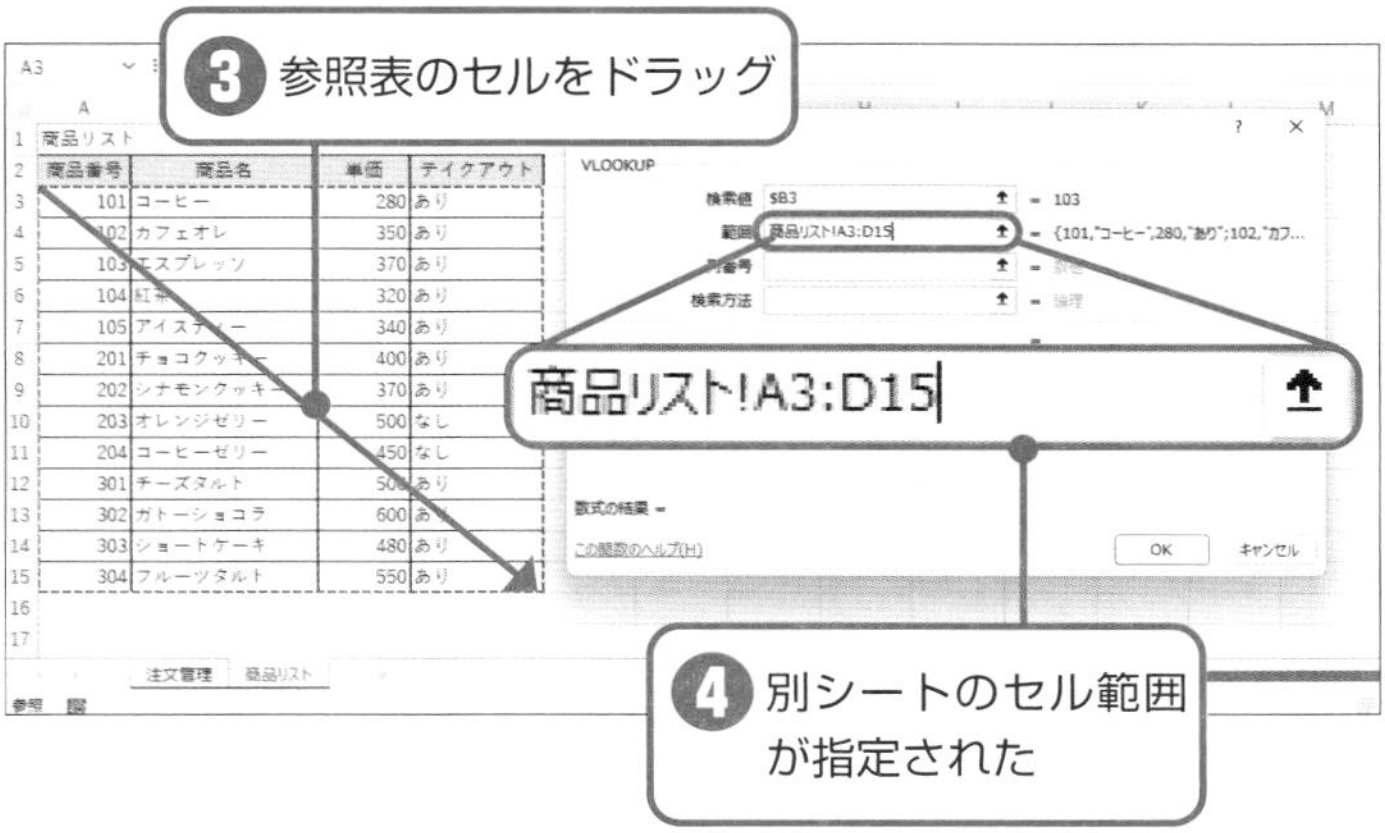

Column

形式を選択して貼り付ける

この章では、VLOOKUP 関数が入力されたセルを、オートフィル操作を使って隣り合ったセルにコピーした。だが、セルの色や罫線の種類などの書式を、表に設定しておいた場合は、コピーをすると、せっかくの書式がコピーしたセルの書式で上書きされてしまう。こんなときは、下の手順で、「形式を選択して貼り付け」ダイアログボックスを開き、「数式」を選ぶと、書式は残したまま関数だけをコピーできる。

書式設定されたセルに数式だけをコピーする

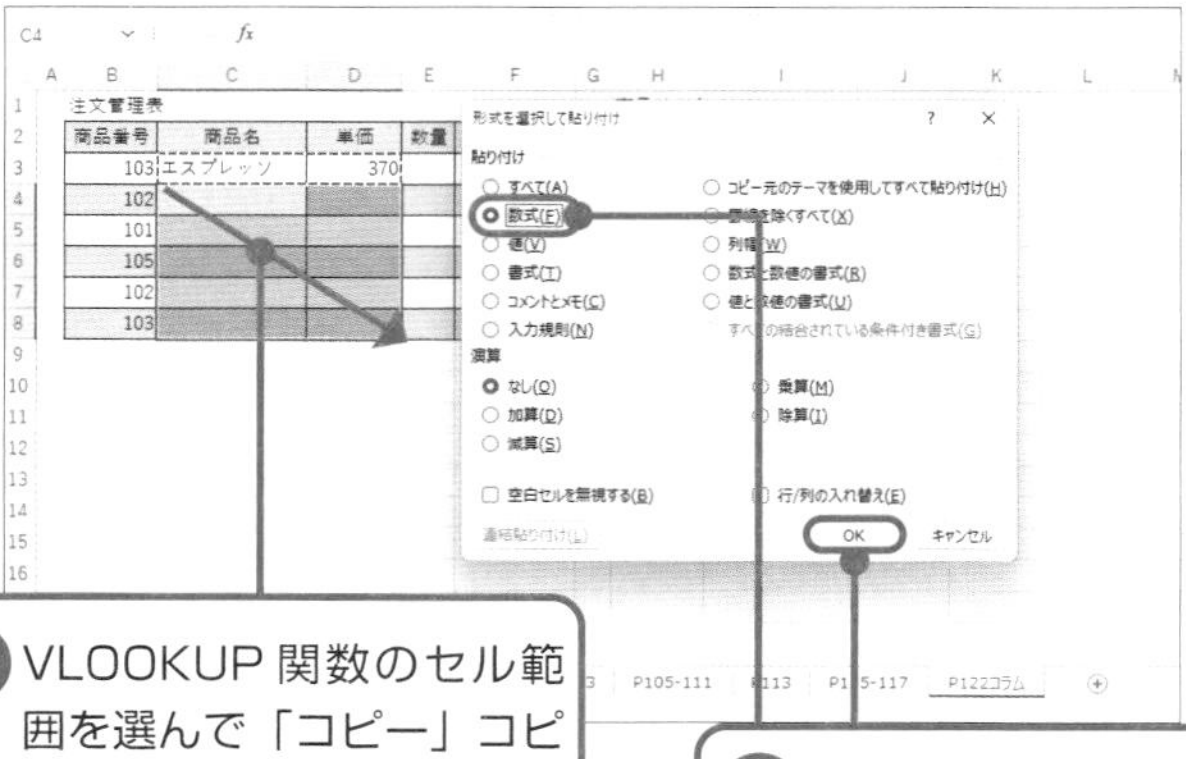

❶ VLOOKUP 関数のセル範囲を選んで「コピー」コピー先のセルを選んで Ctrl + Alt + V キーを押す

❷ 「数式」を選び、「OK」をクリック

Chapter

4

即効解決Q＆A

Section 24

エラー値「#NAME?」が表示された

まずは関数名のつづりを確認する

この章では、日ごろVLOOKUP関数を利用する場面でありがちなトラブルとその解決方法を紹介する。同じような状況に見舞われたときの参考にしてほしい。

VLOOKUP関数を入力した直後、セルに「#NAME?」と表示されたことはないだろうか。これは、**関数の名前部分にスペルミスがあるときに表示されるエラー値**だ。関数名をよく見直して、正しく入力できているかどうかをまず確認しよう。このエラーは、直接、関数名を入力した場合や、数式バーを使って式の内容を編集した際に発生することが多い。左ページの例では、関数名「VLOOKUP」の「O」が1つ抜けてしまっているのが原因だ。

なお、修正には、数式バーを使うとかんたんだ。関数が入力されたセルをクリックして選ぶと、数式バーにその関数の式が表示される。続けて、数式バーの中をクリックするとカーソルが表示されるので、正しいスペルに修正しよう。

関数の名前が間違っている

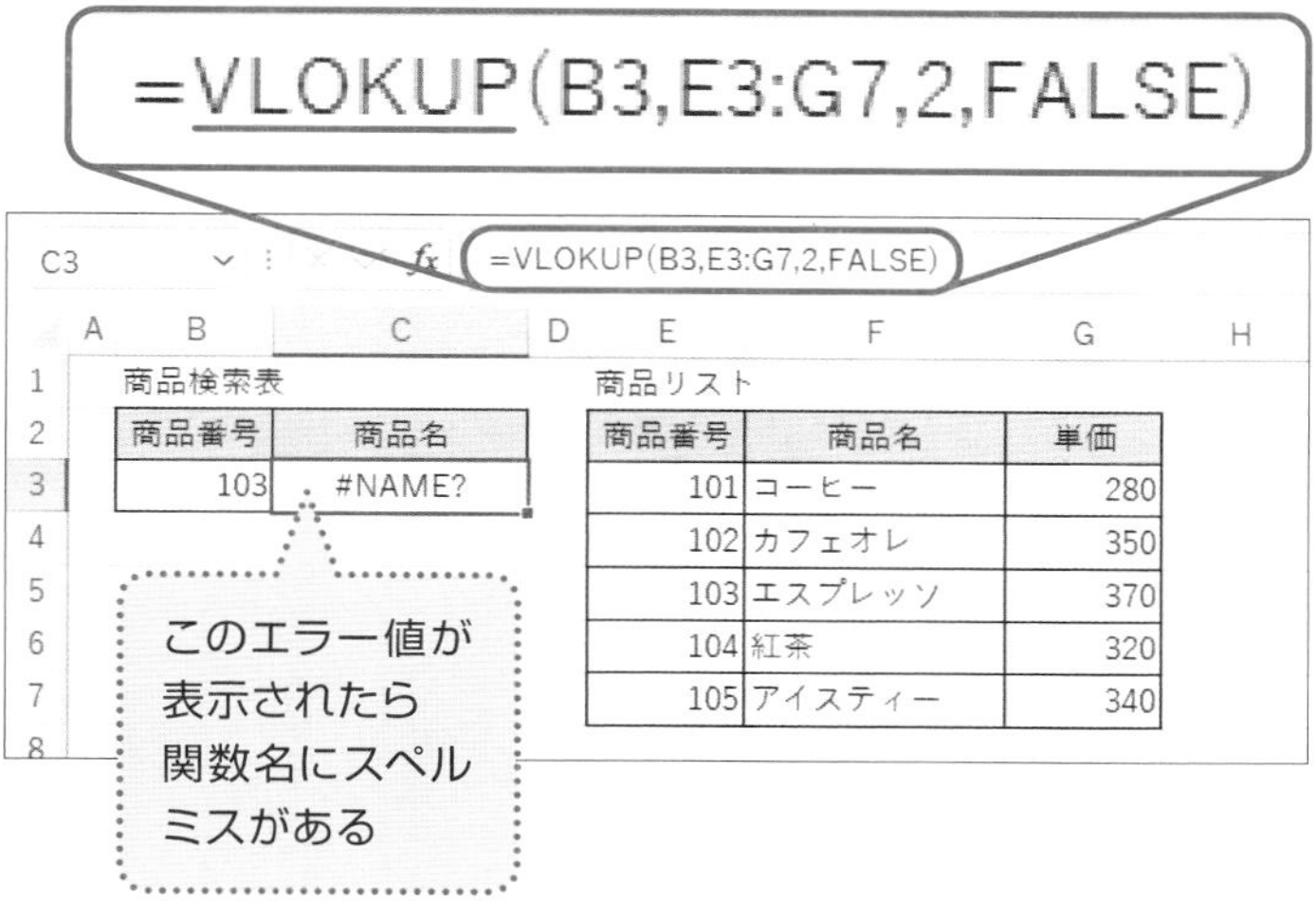

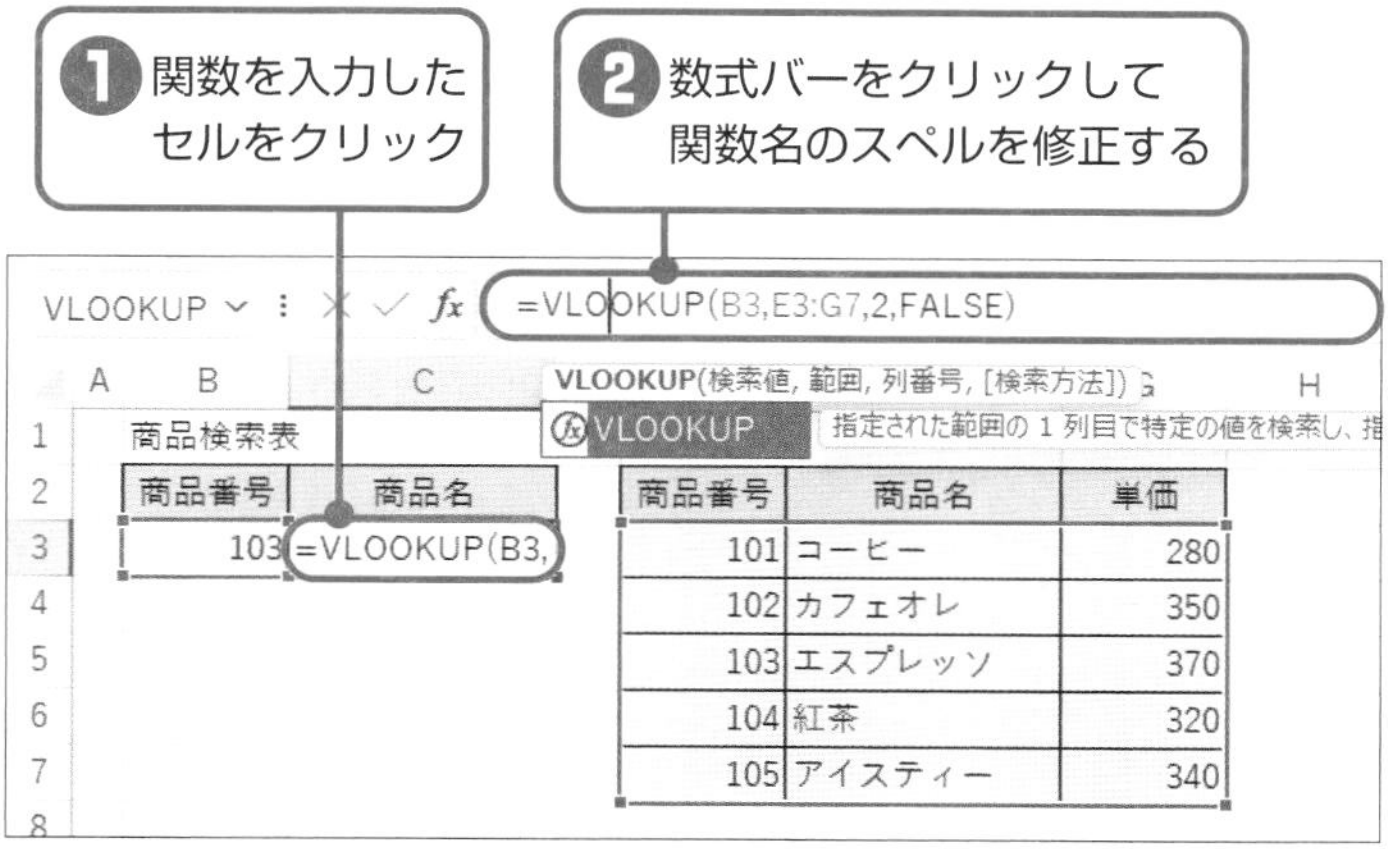

Section 25

エラー値「＃N/A」が表示された

●検索したいコード番号が一覧表にない

VLOOKUP関数を使うようになると、頻繁に見かけるのが「#N/A」というエラー値だ。「#N/A」とは、引数「検索方法」に「FALSE」を指定して、完全に一致するコード番号だけを検索する場合によく遭遇する。これは、**「検索値」に指定したコード番号が「範囲」に指定した一覧表の中に存在しない場合に表示されるエラー値**だ。

左ページの例では、B4セルの商品番号「999」が、「商品リスト」のH列の「商品番号」の中を探しても見当たらない。検索に使う商品番号自体がないのだから、VLOOKUP関数では、当然該当する商品名は表示できない。

これを回避するには、H列の「商品番号」欄に商品番号「999」のデータを追加するか、B4セルの商品番号をH列に存在する番号に変更すればよい。

なお、表の作り方や関数の指定の方法に問題があるために「# N/A」エラーが表示されることもある。続けてそれらの例を紹介しよう。

「検索値」のコード番号が「範囲」の一覧表に見つからない

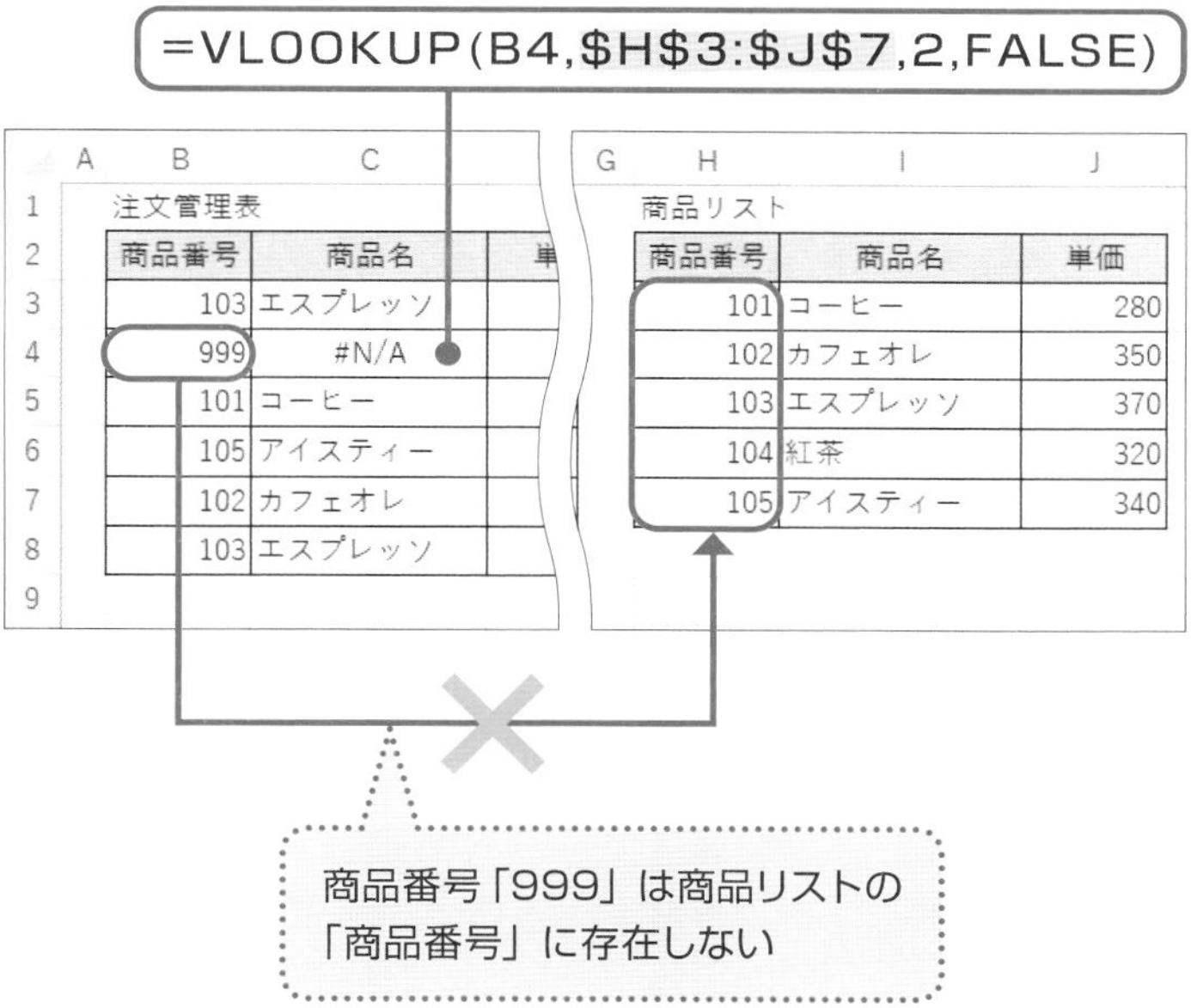

One Point

➔「#N/A」とは、「検索値」に指定したデータが「範囲」にないときに表示されるエラー値

●「範囲」のずれを確認する

VLOOKUP関数の**式をコピーした際、引数「範囲」に指定したセル参照が一緒にずれてしまうことが原因で「#N/A」が表示される**場合がある。

左ページ上の例を見てほしい。C3セルに入力されたVLOOKUP関数では、B3セルの商品番号を「検索値」として「商品リスト」から商品名を検索している。「範囲」は「H3：J7」と相対参照になっている点に注意しよう。

この状態でC3セルを1行下のC4セルにコピーすると、エラー値「#N/A」が表示されてしまう。このとき、C4セルにコピーされた数式内では、引数「範囲」のセル番地が「H4：J8」と変化している。そう、1行下のセルに数式をコピーしたので、引数内のセル参照も1行下に動いてしまったのだ。これにより、商品リストの1行目が「範囲」から外れるため、B4セルの商品番号「101」は、引数「範囲」から除外された商品番号になってしまう。そのため、『検索値』が『範囲』に存在しない」という状況になり、C4セルにエラー値「#N/A」が表示されたわけだ。

この場合、エラーを回避するには、引数「範囲」がコピーしても移動しないよう固定する必要がある。96ページの方法でセル番地を絶対参照に変更しよう。

関数をコピーしたときに「範囲」がずれるとエラー

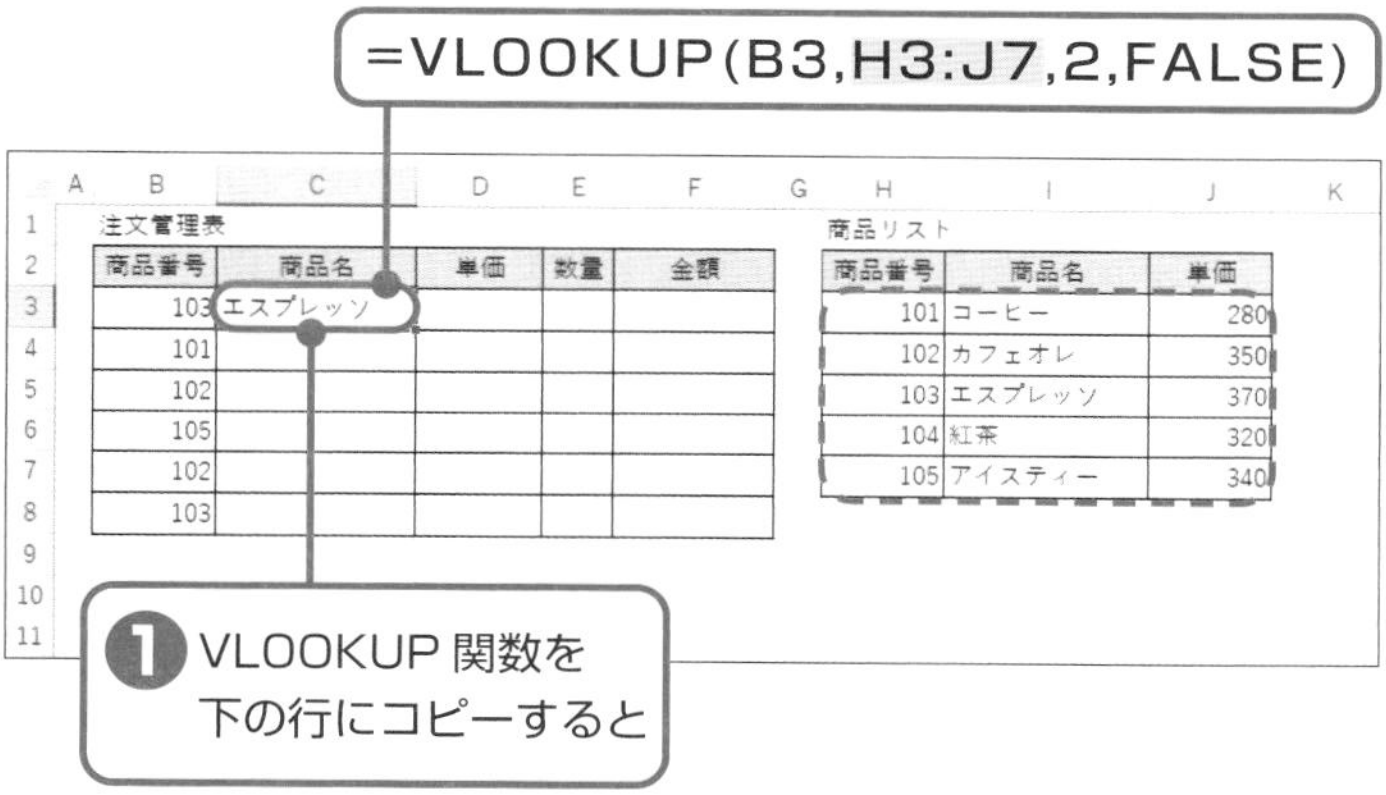

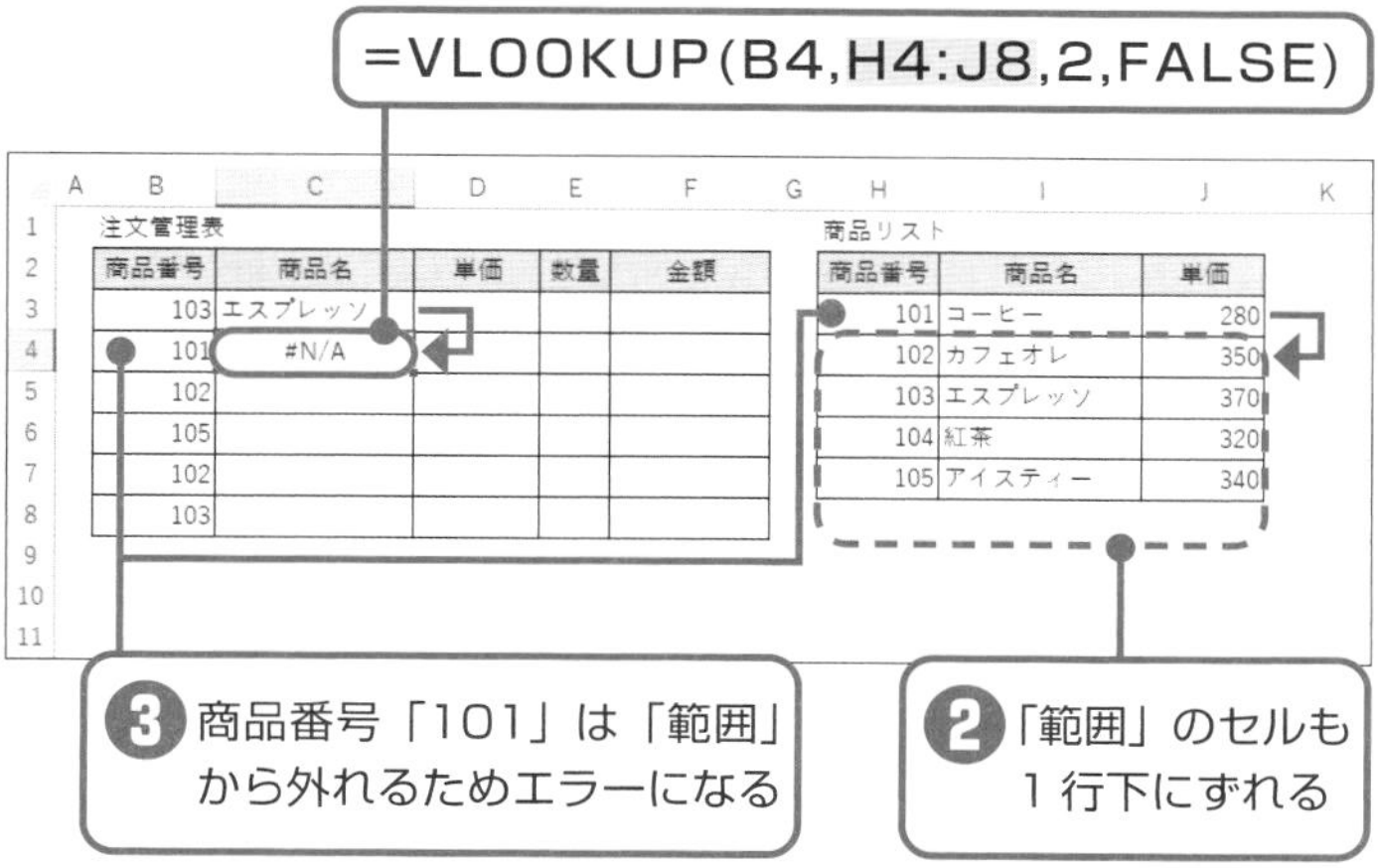

●コード番号の場所を確認する

「#N/A」エラーが表示されてしまう例で、注意すべきトラブルがもう1つある。それは、**検索に使われるコード番号の列が「範囲」の表の左端に置かれていない**ことだ。58ページでも説明したように、引数「範囲」の表では、左端に当たる列に「商品番号」など検索に使うコード番号を入力しておく必要がある。

VLOOKUP関数は、「検索値」に指定したコード番号をもとに、「範囲」の一覧表を検索する。このとき、すべての列からコード番号を探してくれるわけではない。**「範囲」の一覧表のうち検索対象になるのは左端の列だけ**なのだ。したがって、商品番号などのコード番号は、あらかじめ左端の列に入力しておくことが大前提だ。

そのため、左ページの上の例のように、コード番号の列が2列目以降にレイアウトされた表では、VLOOKUP関数は機能しない。このような表を「範囲」に指定すると、「検索値」が「範囲」の一覧表に存在しないとみなされてしまう。

この場合は、「範囲」の一覧表の列の並びを変更しよう。下の例のように、「検索値」として使うコード番号の列を表の左端に移動すればよい。これでVLOOKUP関数の検索が実行されるようになるため、「#N/A」エラーは出なくなる。

商品番号が「範囲」の左端の列にないとエラー

=VLOOKUP(B3,E3:H7,3,FALSE)

商品検索表

商品番号	商品名
103	#N/A

商品リスト

分類	商品番号	商品名	単価
コーヒー	101	コーヒー	280
コーヒー	102	カフェオレ	350
コーヒー	103	エスプレッソ	370
紅茶	104	紅茶	320
紅茶	105	アイスティー	340

×　「商品番号」が引数「範囲」の左端列でないと検索できないためエラーになる

商品検索表

商品番号	商品名
103	エスプレッソ

商品リスト

商品番号	分類	商品名	単価
101	コーヒー	コーヒー	280
102	コーヒー	カフェオレ	350
103	コーヒー	エスプレッソ	370
104	紅茶	紅茶	320
105	紅茶	アイスティー	340

○　「商品番号」を「範囲」の左端列に変更すると正しく検索された

Section 26

間違ったデータが表示された

「列番号」は正しいかどうかを確認する

VLOOKUP関数を入力した結果、本来表示されるはずの結果とは明らかに違う内容がセルに表示されてしまった経験はないだろうか。ここではそんなトラブルの例を2つ紹介したい。

1つ目は、異なる列の内容が表示されてしまった場合だ。下の例を見てほしい。D3セルには「単価」が表示されるはずなのに、「商品名」が表示されてしまっている。この原因は、

「列番号」を間違えている

商品リスト

商品番号	商品名	単価
101	コーヒー	280
102	カフェオレ	350
103	エスプレッソ	370
104	紅茶	320
105	アイスティー	340

VLOOKUP関数の引数「列番号」を間違えていることだ。

D3セルに入力されたVLOOKUP関数の式では、「列番号」が「2」となっている。引数「範囲」の表はH3からJ7までのセルに入力された「商品リスト」だが、列番号「2」を指定したので、2列目の「商品名」が表示されてしまっているわけだ。C3セルに入力したVLOOKUP関数をコピーしたあと、列番号を変更するのを忘れたときによく見かける。D3セルの数式の列番号を「3」に変更すれば、「単価」が正しく表示されるはずだ。

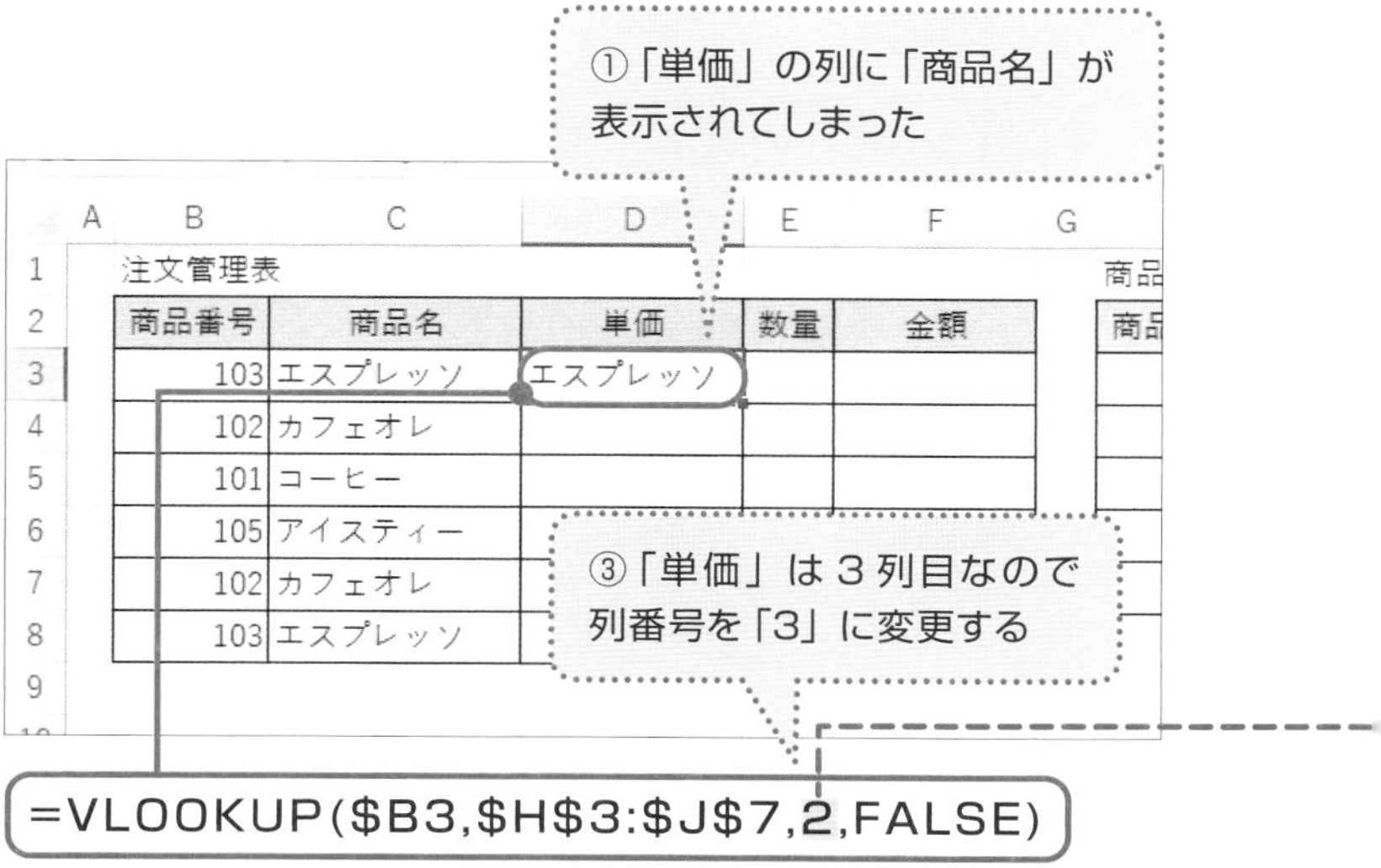

参照方式は合っているかどうかを確認する

VLOOKUP関数を入力したときに、予想外の結果が表示されてしまったトラブルの例をもう1つ紹介しよう。

下の例では、C3セルにVLOOKUP関数を入力して、B3セルの「商品番号」に対応する「商品名」を、「商品リスト」から検索して表示している。ところが、そのC3セルを下にコピーすると、同じ商品名が繰り返し表示されてしまう。B列には、「102」、「105」、「101」とさまざまな商品番号が入力されているにもかかわらず商品名がすべて同じ「エスプレッソ」と表示されるのはどう考えてもおかしい。

「検索値」が絶対参照になっている

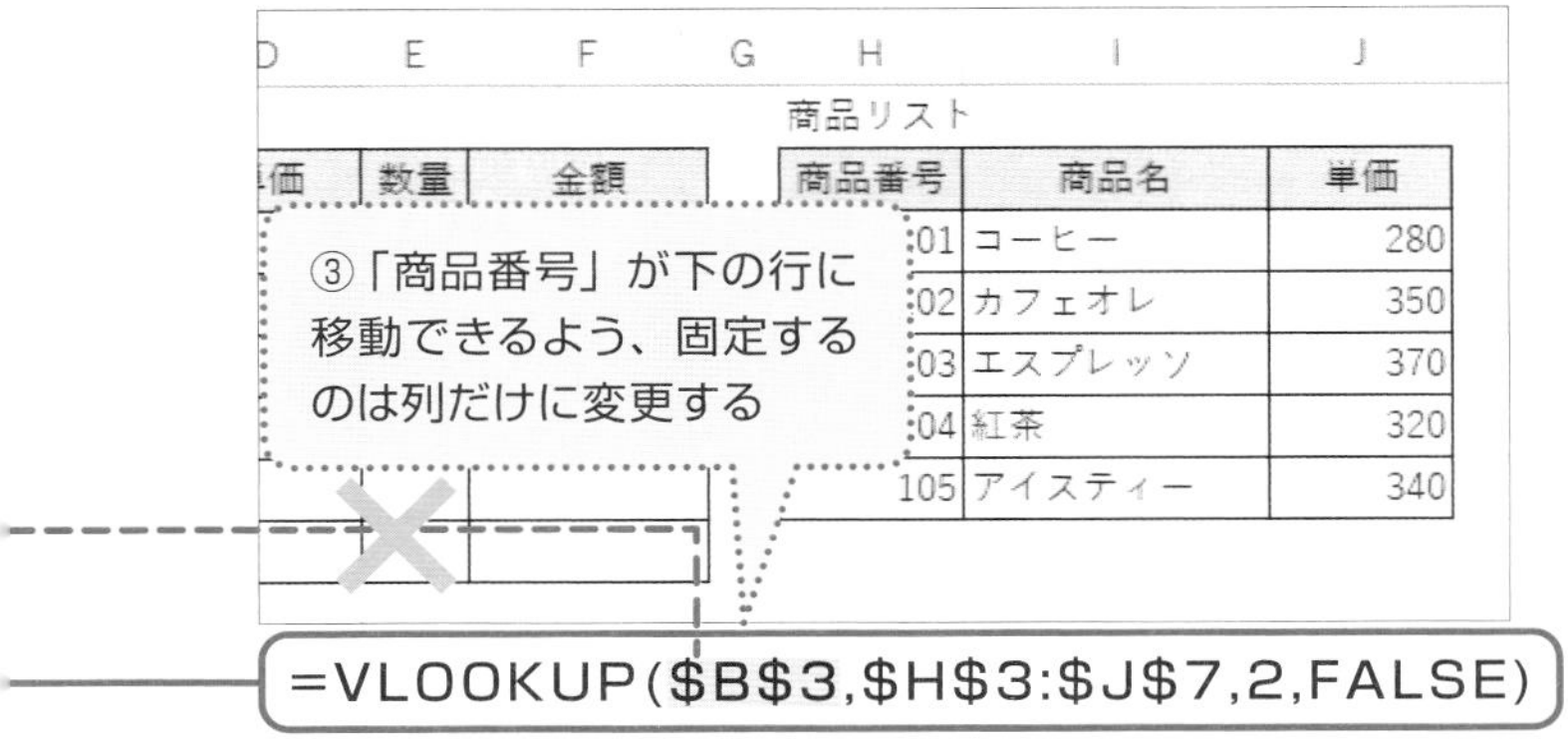

　これは、C3セルに入力したVLOOKUP関数の**「検索値」の参照形式が「$B$3」と絶対参照になっていることが原因**だ。B3セルが絶対参照に設定されているため、C3セルのVLOOKUP関数の式を下にコピーしても、「検索値」はB3セルを指したままになる。したがって「商品名」もすべて「エスプレッソ」になってしまうのだ。

　これを解決するには、B3セルの参照形式を、コピー時に下方向にだけ移動できるよう「$B3」に変更する。このしくみについては、112ページで詳しく説明しているのでそちらを参考にされたい。

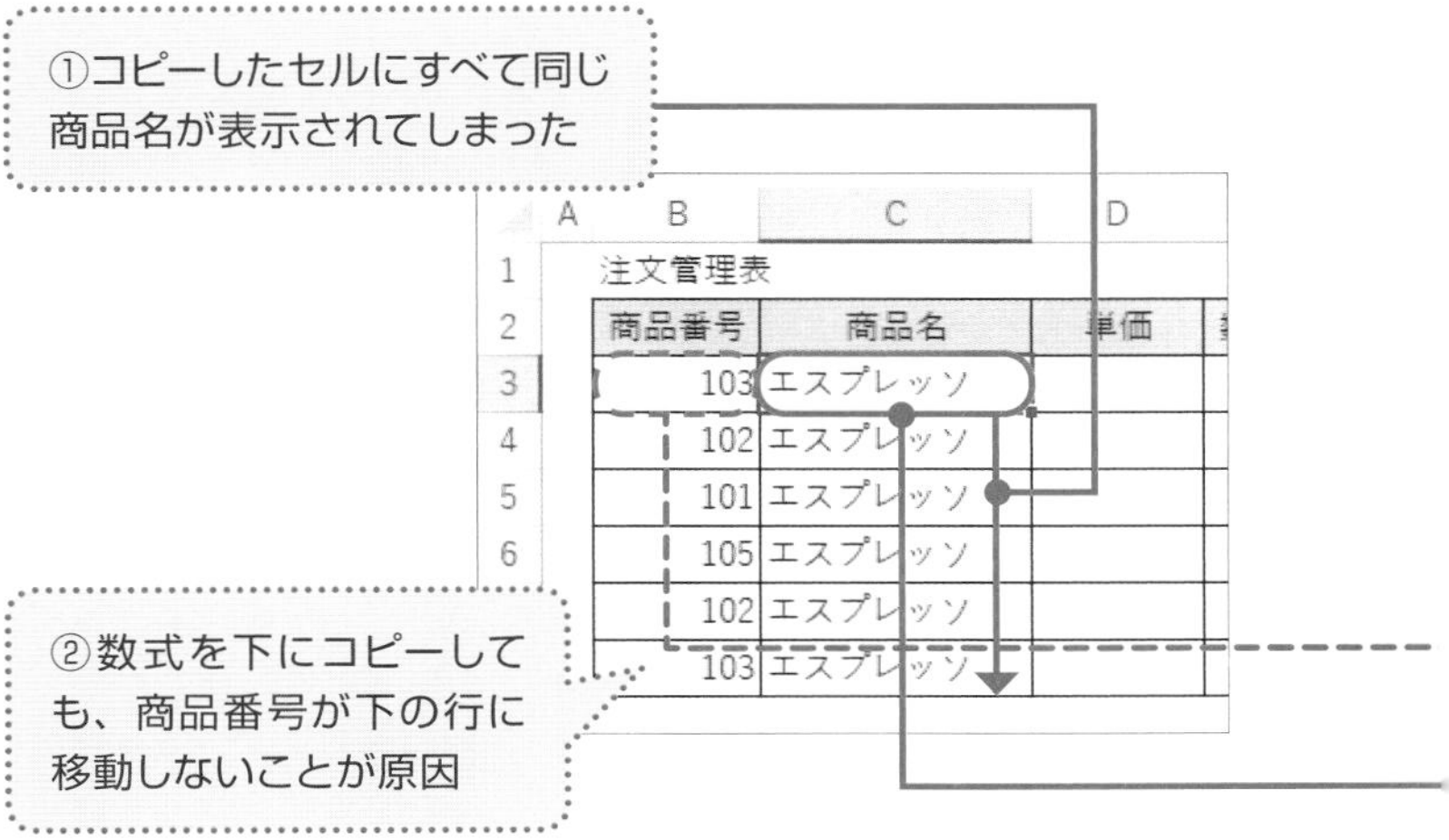

Section 27

検索するデータに重複がある場合は？

●重複するコード番号があると正しく検索できない

検索に使う一覧表を用意するときに、注意しなければいけないことがある。それは、コード番号の重複だ。「範囲」に指定する表の中では、**同じコード番号で異なる内容のデータが登録されていると、正しい検索ができなくなる**のだ。

左ページの例で説明しよう。「商品リスト」には、商品番号「103」で登録された商品が2件ある。このように、「範囲」の一覧表の中に、同じコード番号を持つ複数の項目が入力されている場合、「検索値」にそのコード番号を指定して「範囲」を検索したとき、最初に検出されたデータの内容が表示される。コード番号の検索は、一覧表の上から下へと行われるため、この例では、上の行にある「エスプレッソ」が戻り値になる。下の行にある「アイスオーレ」の方は検索されないので注意が必要だ。

こういったトラブルを避けるためには、**「範囲」に指定する表では、最初からコード番号が重複しないようにデータを入力**しておこう。

同じ「商品番号」で複数の商品を登録している

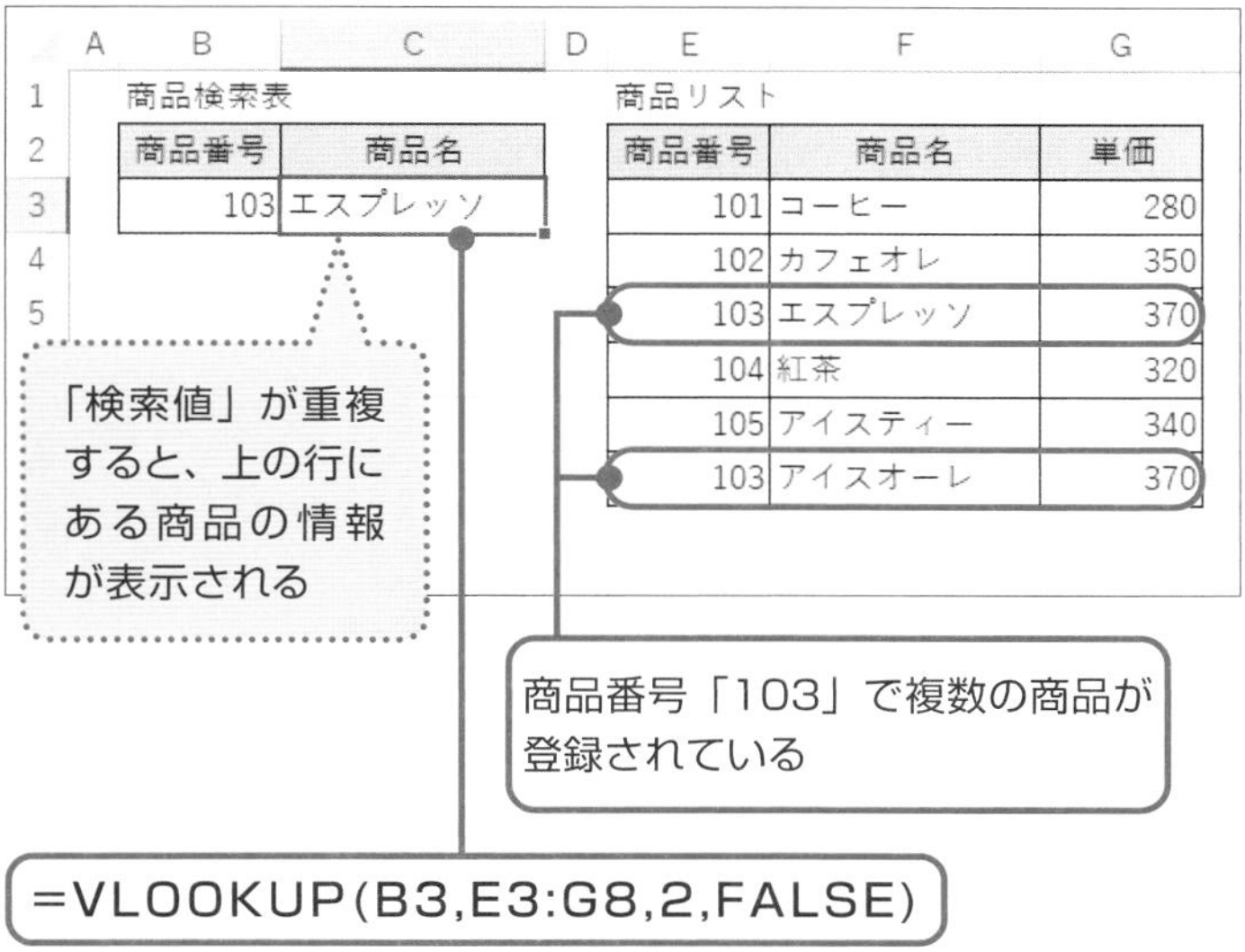

One Point

検索する一覧表の中に重複するコード番号があると、検索が正しく行われない。あらかじめ重複がないように確認する

●重複するデータを事前に見つけて取り除く

さて、ここまで読めば、「範囲」に指定した一覧表の中に、コード番号の重複がないかどうかを前もってチェックしたくなるだろう。

重複の有無を調べるには、エクセルの「並べ替え」機能が役立つ。「範囲」の一覧表のデータを、コード番号の順番に並べ替えてみよう。すると、同じコード番号が存在する場合は、隣接する行に固まって表示されるので、重複が見つけやすくなる。

なお、引数「検索方法」に「ＦＡＬＳＥ」を指定すると、ＶＬＯＯＫＵＰ関数は、コード番号が完全に一致するものだけを検索対象とするため、表内のデータの並び順は検索自体には影響しない。「並べ替え」を併用しても、ＶＬＯＯＫＵＰ関数は問題なく利用できるので安心してほしい。

並べ替えを設定するには、まず、「範囲」の一覧表の左端にあるコード番号の列内で、いずれかのセルをクリックしておこう。次に、「データ」タブの「昇順」ボタンをクリックする。これでコード番号の小さいものから大きいものへとデータが並べ替えられるので、同じコード番号が連続していればすぐにわかる。コード番号が重複しているデータは、番号を変更するなどして、重複のない状態にしよう。

「並べ替え」を使って重複をチェック

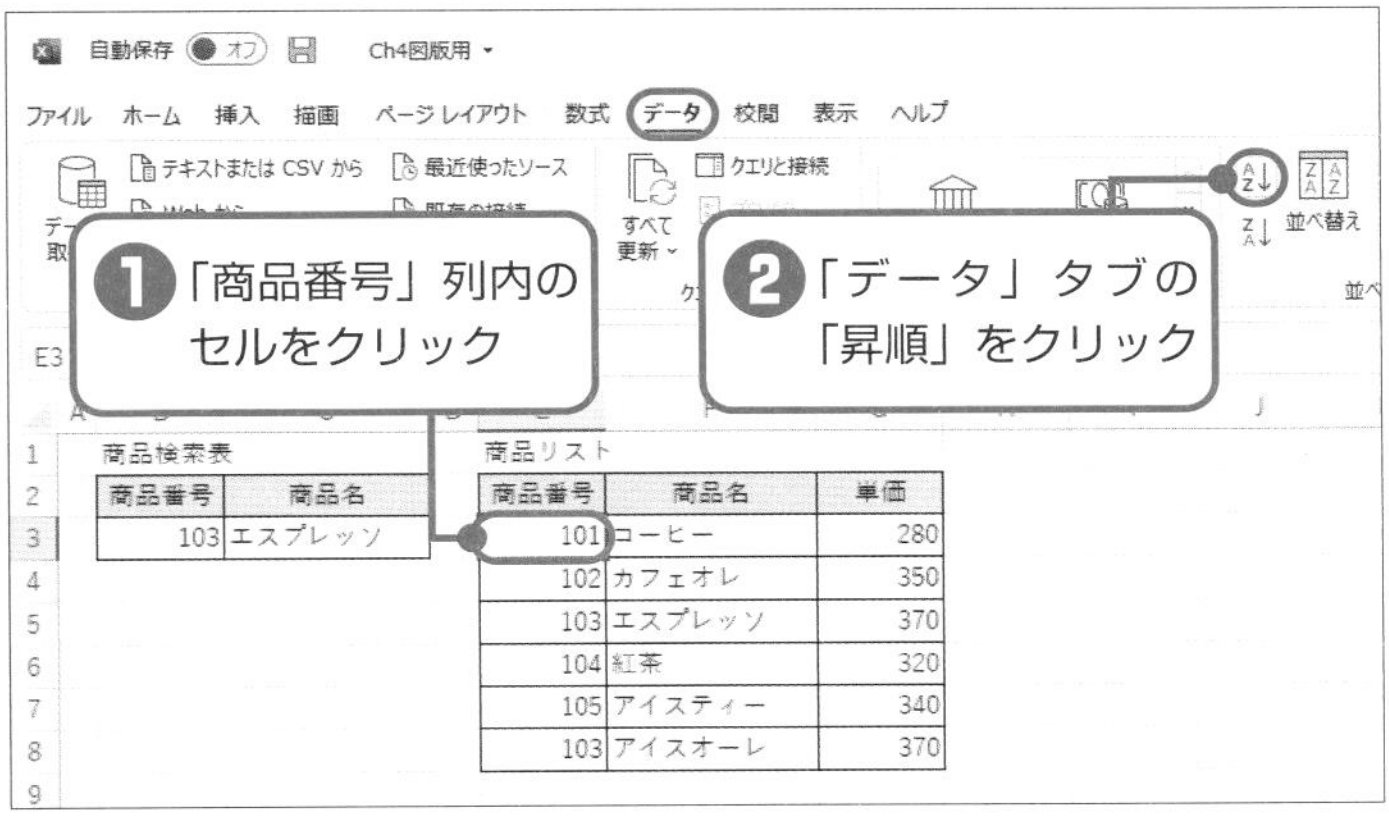

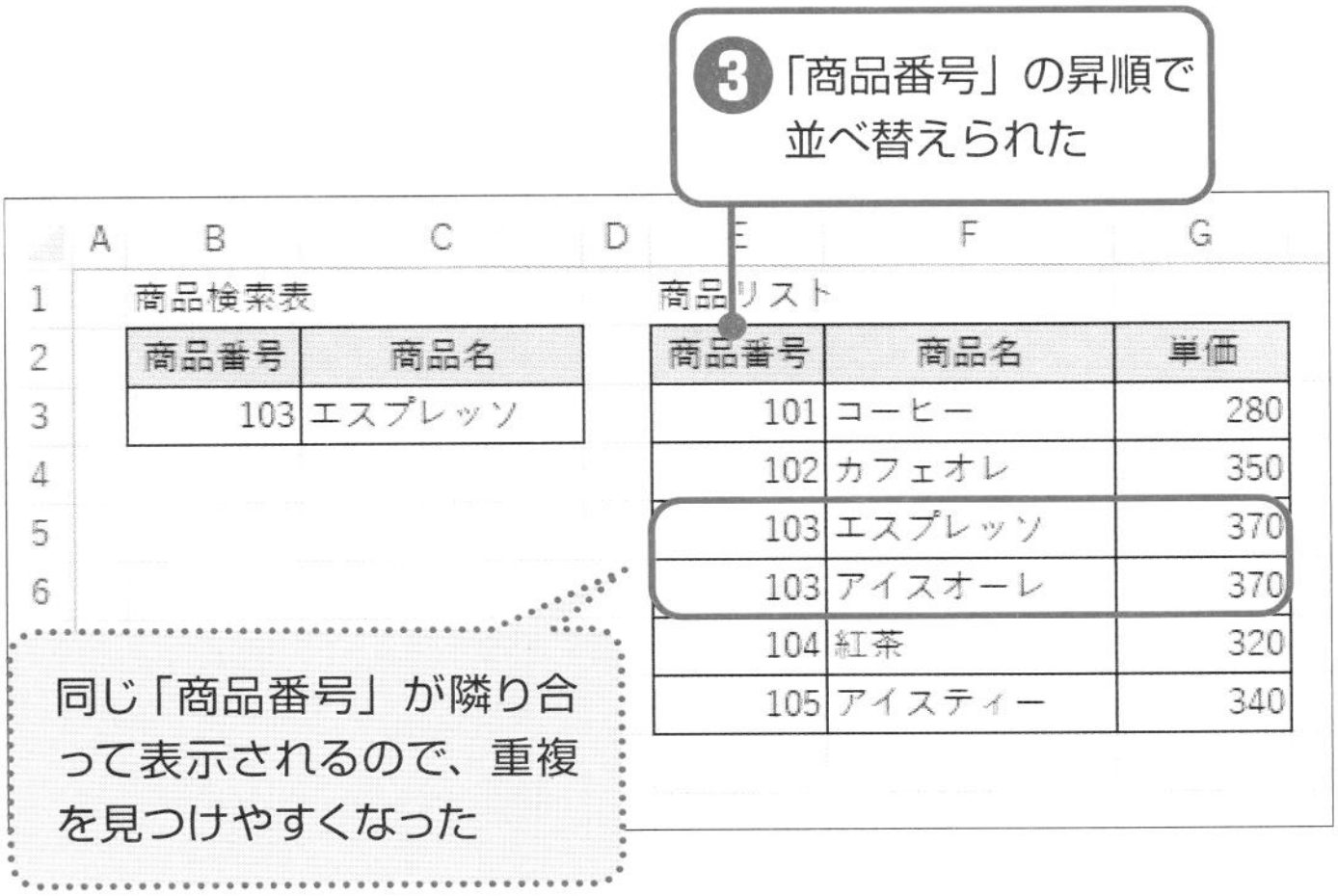

Section 28

「####」が表示された

セルの幅が狭すぎて戻り値が表示できない

本来なら数字が表示されるはずのセルに、突然「####」のような表示が出て、驚いたことはないだろうか。**「####」はセルの幅が足りないため、桁数の多い数値データが最後まで収まりきらない場合に表示**される。

エクセルでは、セルの幅よりも長いデータが入力されると、文字列の場合、セル幅ギリギリの収まるところまでを表示してくれる。ところが、数値データの場合は、エラー値の「####」を表示するのだ。左ページの例では、D3セルにVLOOKUP関数を入力しているが、D列の列幅が狭すぎるため、「####」が表示されている。

「####」が表示された場合は、そのセルを含む列の幅を広げればよい。ここでは、D列とE列の列番号の境界にポインターを合わせて右へドラッグすると、数値は正しく表示される。

列幅が足りないと、数字は「####」で表示されてしまう

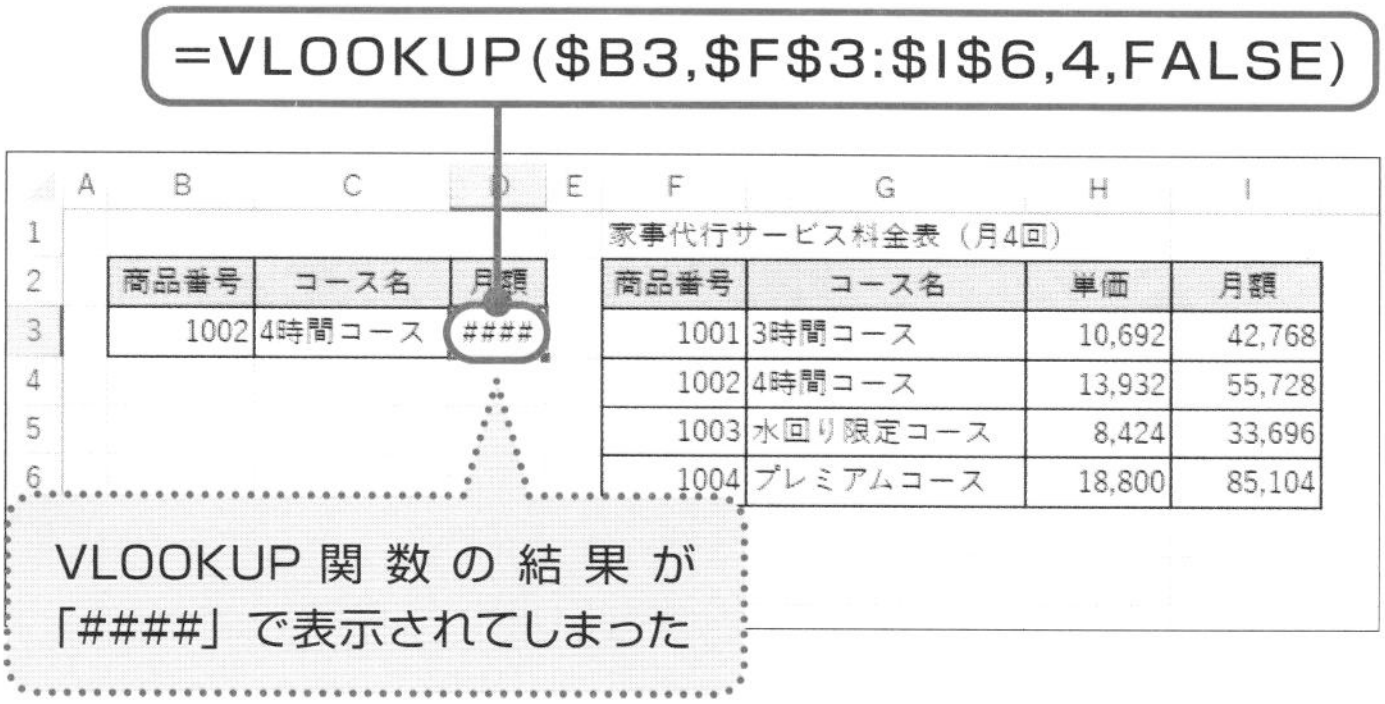

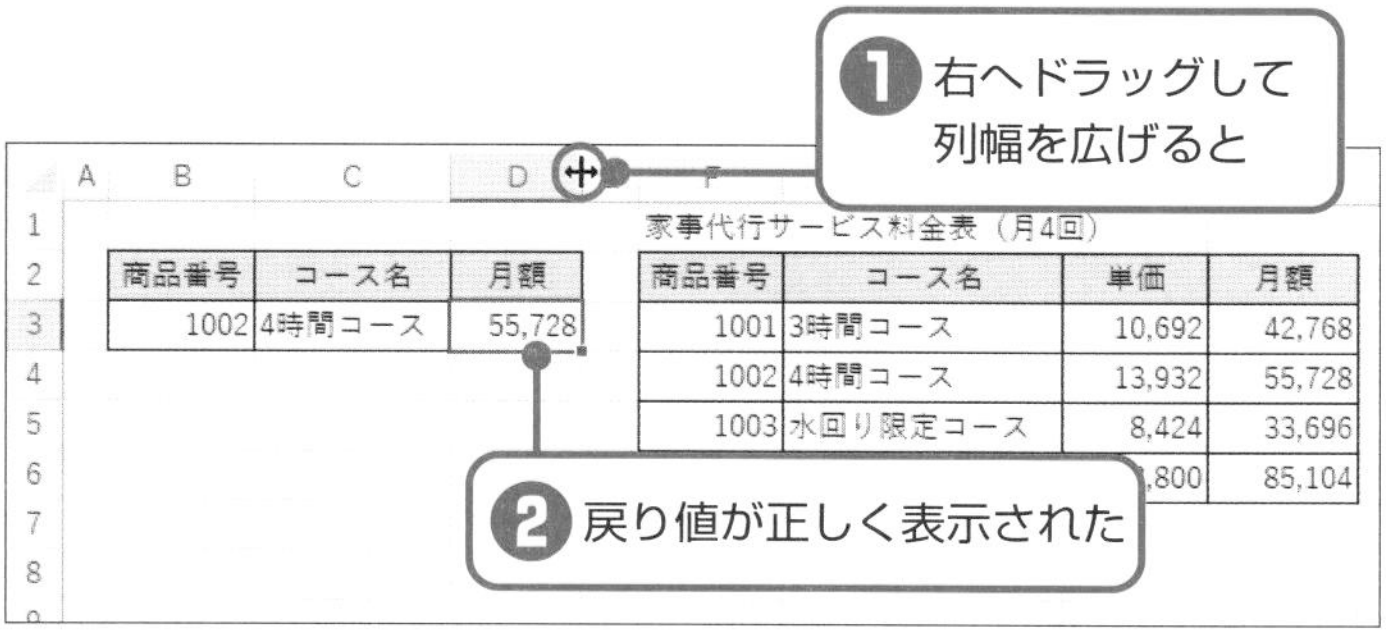

One Point

➔ 「####」が表示されたときは、列幅を広げて数字が表示されるようにする

Section 29

エラーインジケーターって何？

セルの左上に表示された三角マークとは？

ＶＬＯＯＫＵＰ関数を入力したセルには、意図せずエラー値が表示されてしまうことも少なくない。この章でも「#NAME?」「#N/A」などの代表的なエラー値をいくつか紹介した。ところで、これらのエラー値が表示されたセルには、左上角に緑色の三角形が表示されることにお気付きだろうか。

このマークは**エラーインジケーター**と呼ばれている。エラーインジケーターが表示されたセルをクリックすると、左ページのように「！」マークがセルの左側に表示される。

エラーインジケーターは、関数や数式の結果がエラー値となったセルに表示されるほか、数値や数式が正常に表示されたセルでも、その内容がエラーになりうる問題を含んでいるとエクセルが判断した場合に表示される。「！」ボタンをクリックすると、メニューが表示され、対応を選ぶことができる。

エラー値のセルに表示される緑色の三角形は？

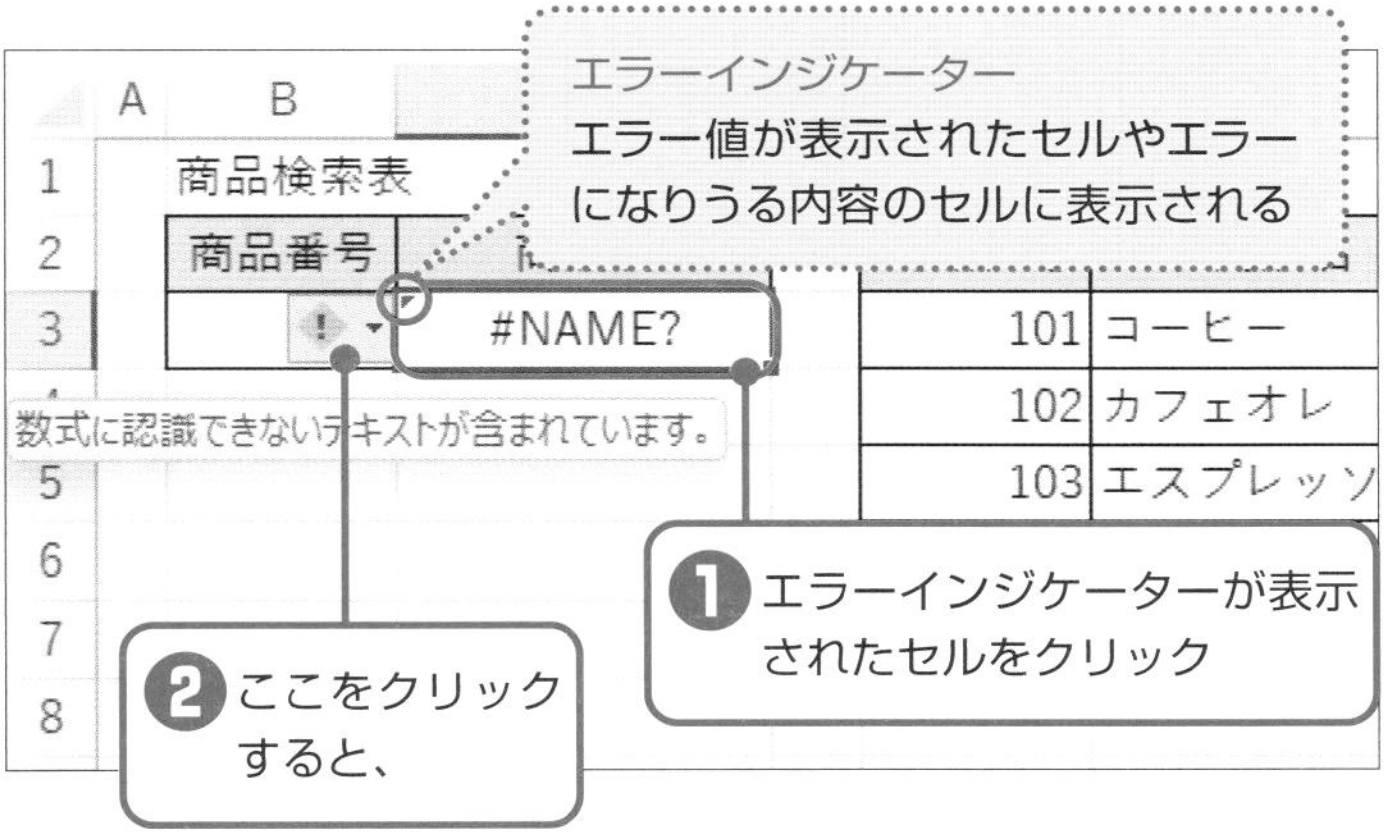

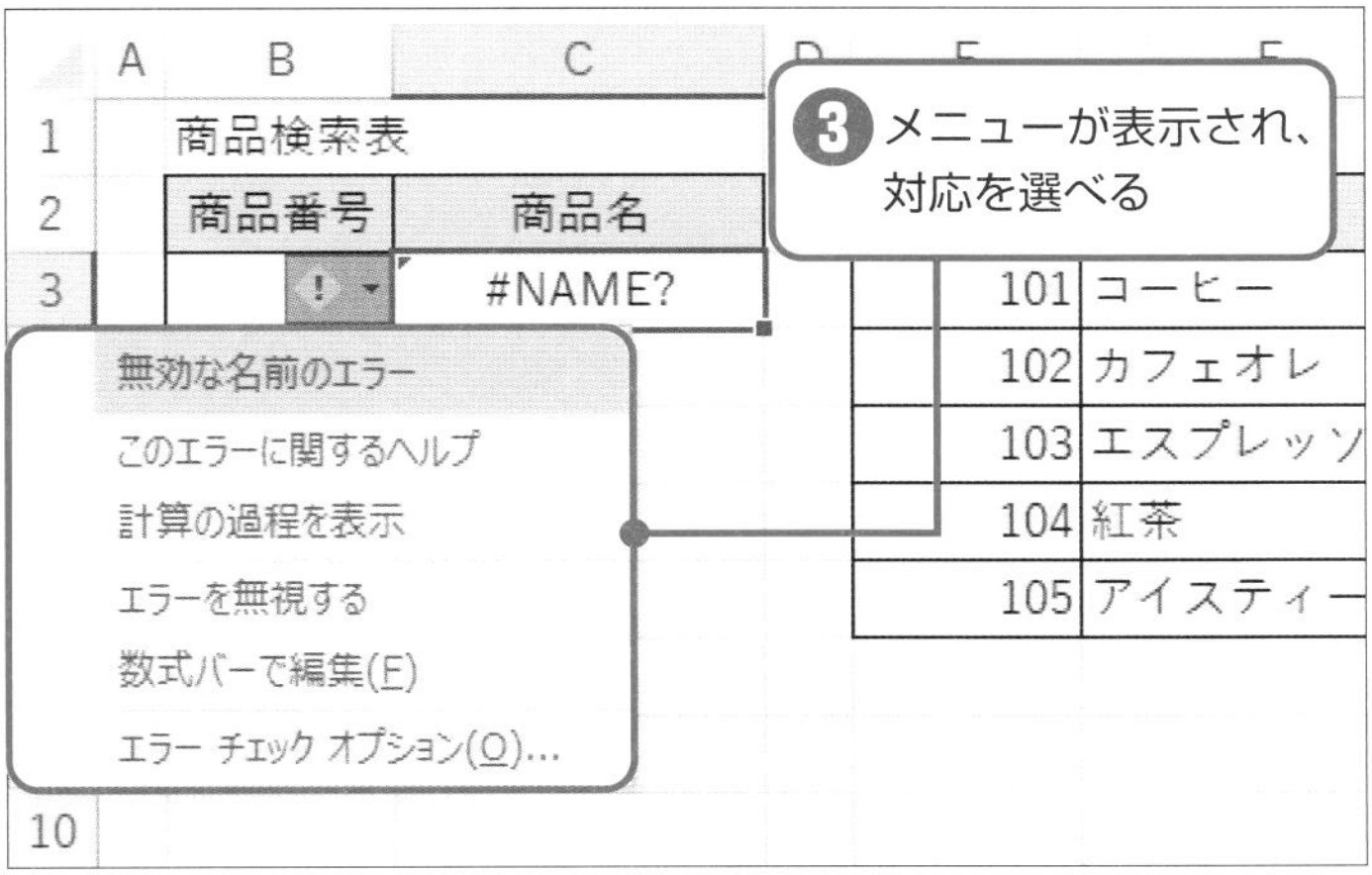

エラー値の内容を確認して対処する

では、エラーインジケーターが表示されたら、どのように利用すればよいのかを具体的に見てみよう。エラー値が表示されたセルの「!」のボタンをクリックすると、左ページのようなメニューが表示される。このメニューから、エラーの修正に役立つツールを呼び出したり、情報を調べたりすることができる。

表示されたメニューから「このエラーに関するヘルプ」をクリックすると、そのエラー値のヘルプ画面が開く。エラー値の内容について詳しく知りたい場合に使おう。「計算の過程を表示」をクリックすると、「数式の検証」ダイアログボックスが開く。数式の内容を1ステップずつ順番に実行して、どこでエラーになるのかを検証できる。もちろんVLOOKUPなどの関数の数式も対象だ。

なお、エラーインジケーターが表示されたままでは困る場合は、「エラーを無視する」をクリックすると、セル内の緑色の三角マークを消すことができる。エラーインジケーターは印刷されないため、表示したままでもエクセルでの作業自体に支障はないが、外部にわたすファイルなどでは体裁が悪いので消しておきたい場合もあるだろう。そんなときに使うと便利だ。

エラーインジケーターを使ってみる

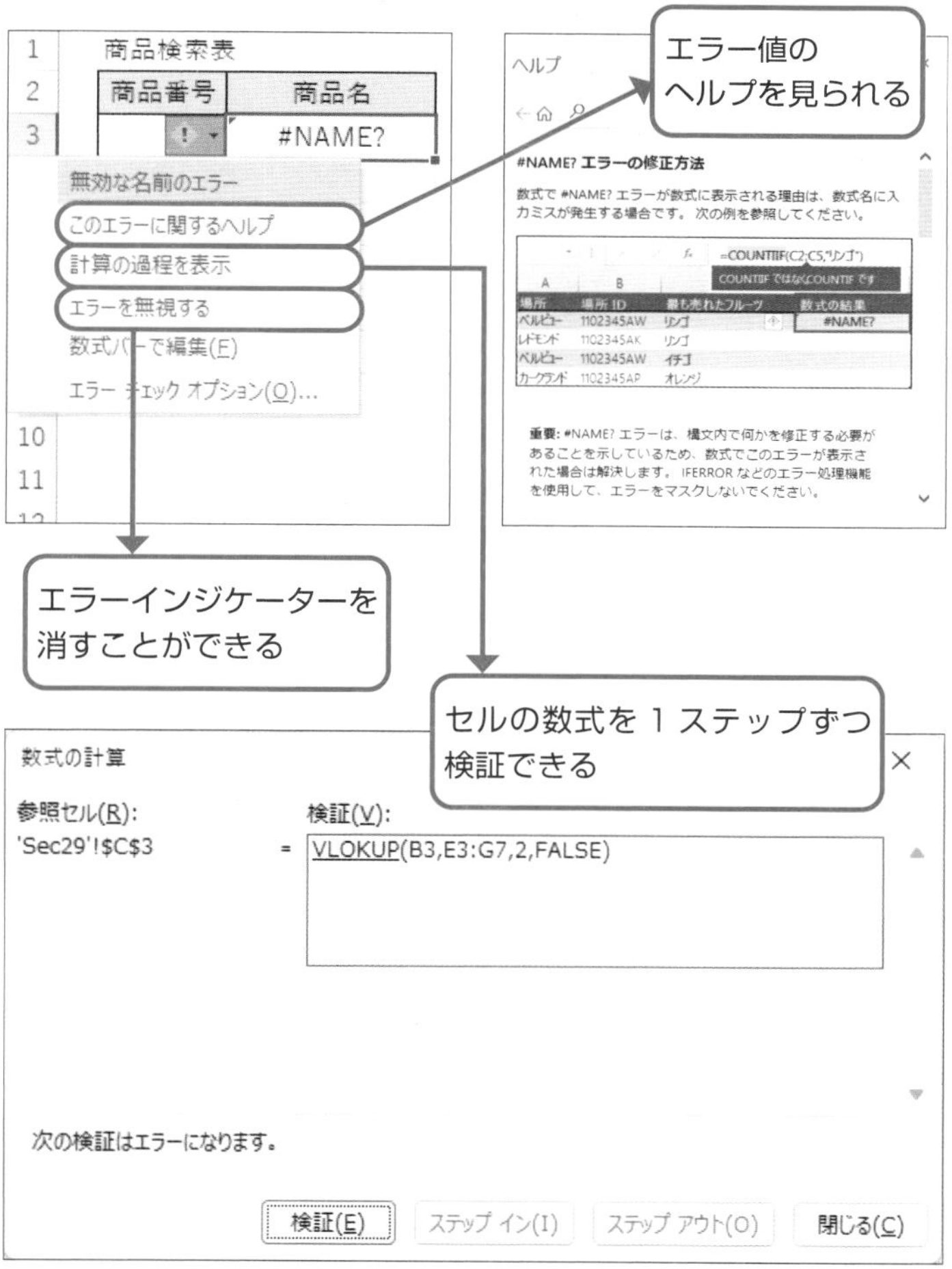

Section 30

引数に指定したセルを確認したい

引数のセル範囲を色分けして示す

左ページの例では、C3セルにVLOOKUP関数を入力したところ、エラー値が表示されてしまった。エラーの原因を探るために、「検索値」や「範囲」のセル範囲を確認したい。C3セルを選んでから、数式バーに表示されたVLOOKUP関数の式の中をクリックすると、セル番地を表す文字の色が変わる。さらに、その文字と同じ色の枠が、シート上のセルやセル範囲を囲んで表示される。この色の付いた枠のことを**カラーリファレンス**と呼ぶ。

カラーリファレンスの枠をドラッグすれば、引数のセル範囲を修正できる。左ページの下の例では、「範囲」を表す枠がE3セルからG6セルまでを囲んでいる。表示された枠の右下角にマウスポインターを合わせて1行下までドラッグすれば、枠が広がり、「範囲」のセル参照も「E3からG7セルまで」に変わる。これでVLOOKUP関数が正しく動作するようになり、C3セルのエラー表示もなくなるはずだ。

引数のセル範囲を カラーリファレンスで調べる

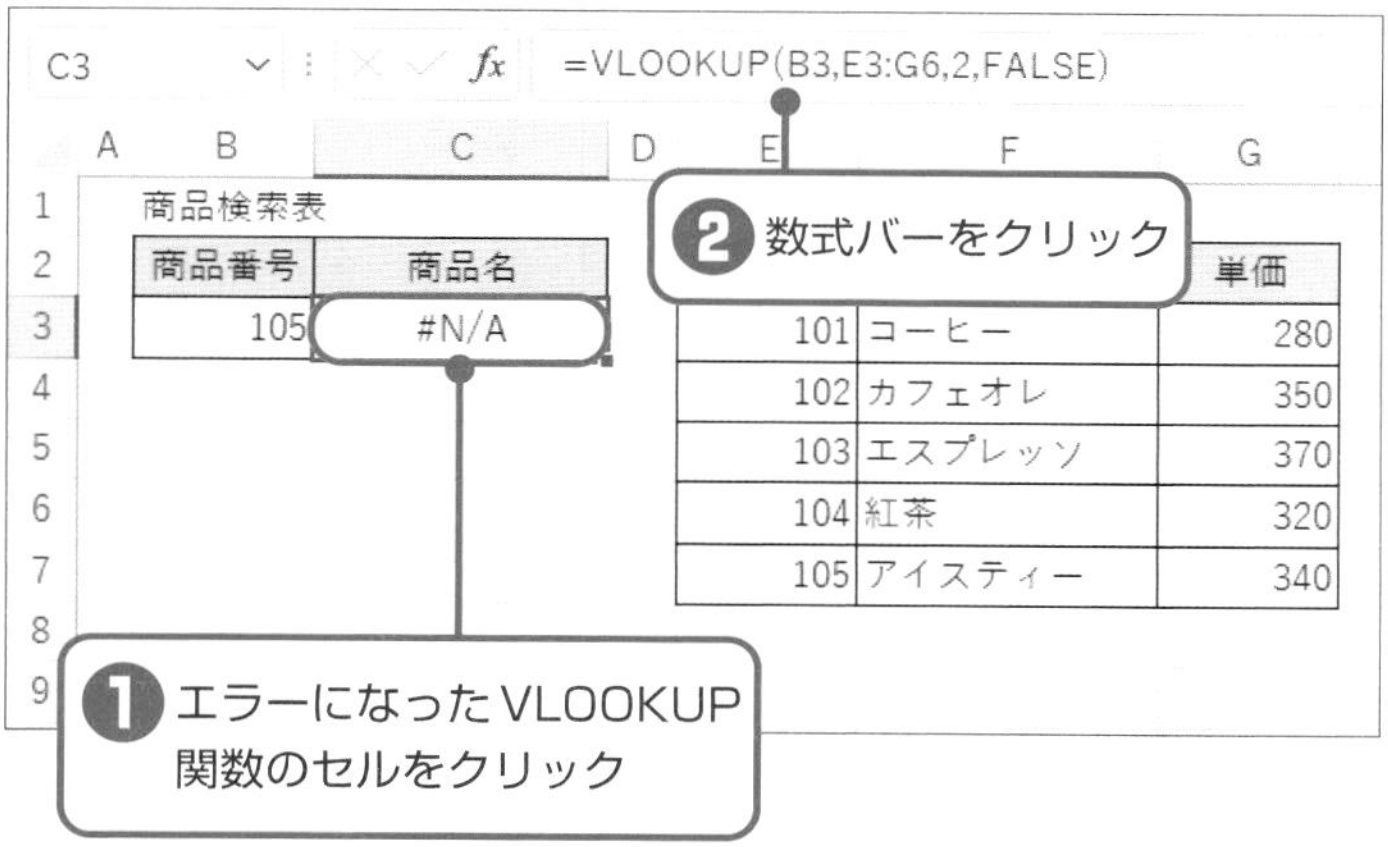

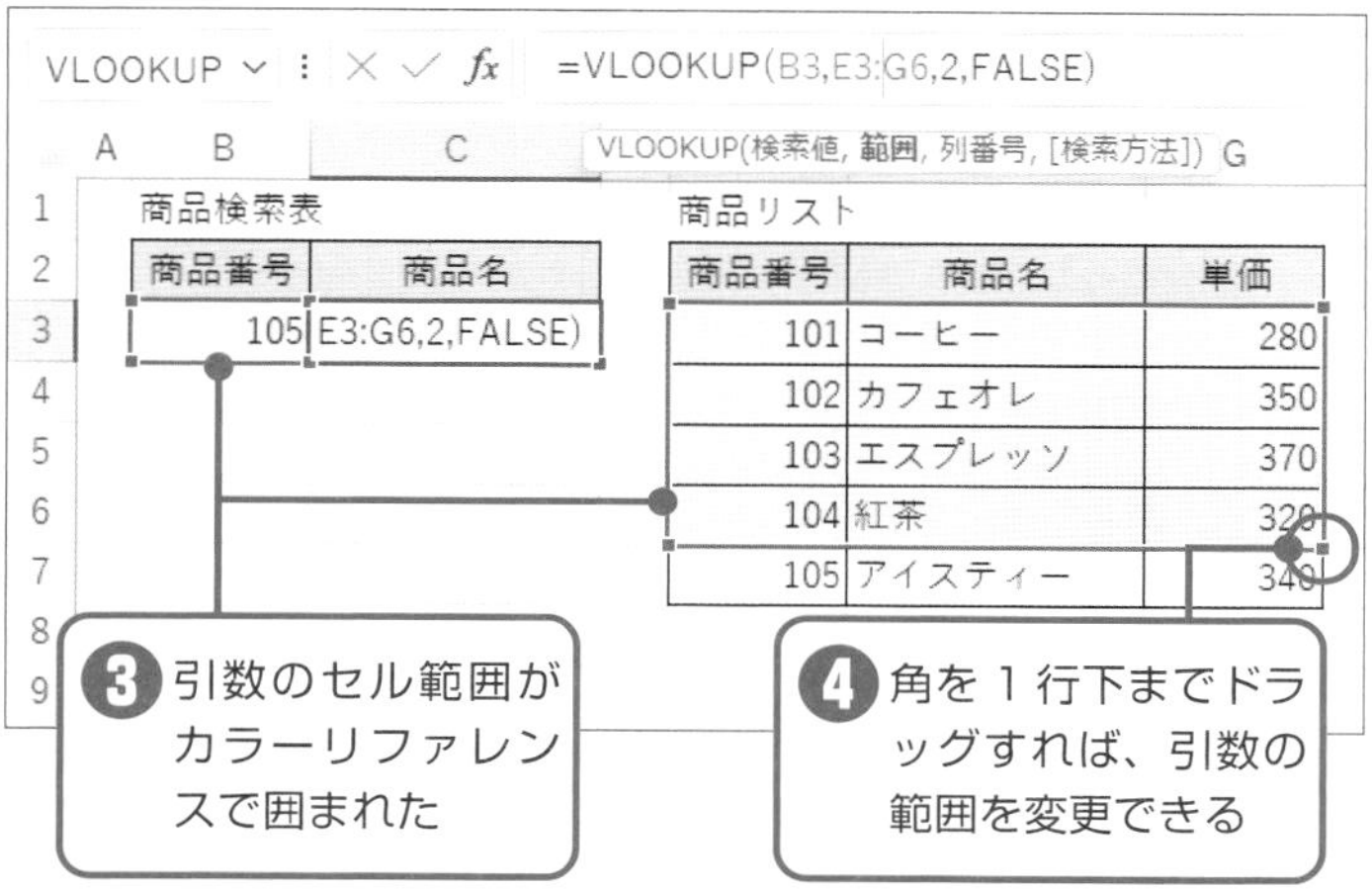

Section 31

式だけをコピーしたい

貼り付け後に、書式をコピー対象から除外

通常、セルをコピーすると、中身の式だけではなく書式も一緒にコピーされる。そのため、あらかじめセルを色分けしてきれいに書式設定しておいた表の場合は、せっかく設定した表の外観が乱されてしまう。そこで、設定済みの書式を変更せずに、コピーするのセルから中身の式だけをコピーする方法について知っておこう。

左ページの例で説明しよう。まず上の画面を見てほしい。VLOOKUP関数を入力したC3セルを選び、オートフィル操作でC4からC8までのセルにコピーすると、セルに設定されていた背景色が消えてしまう。オートフィルのドラッグ操作が終わった直後、セルには**スマートタグ**と呼ばれる小さなボタンが表示される。これをクリックすると、コピーの内容を一部変更できるメニューが表示される。ここから「書式なしコピー（フィル）」を選択すると、セルの書式だけがコピー前の状態に戻るのだ。コピーした直後に、書式が崩れてしまった場合に利用しよう。

オートフィル後に「書式なしコピー」に変更する

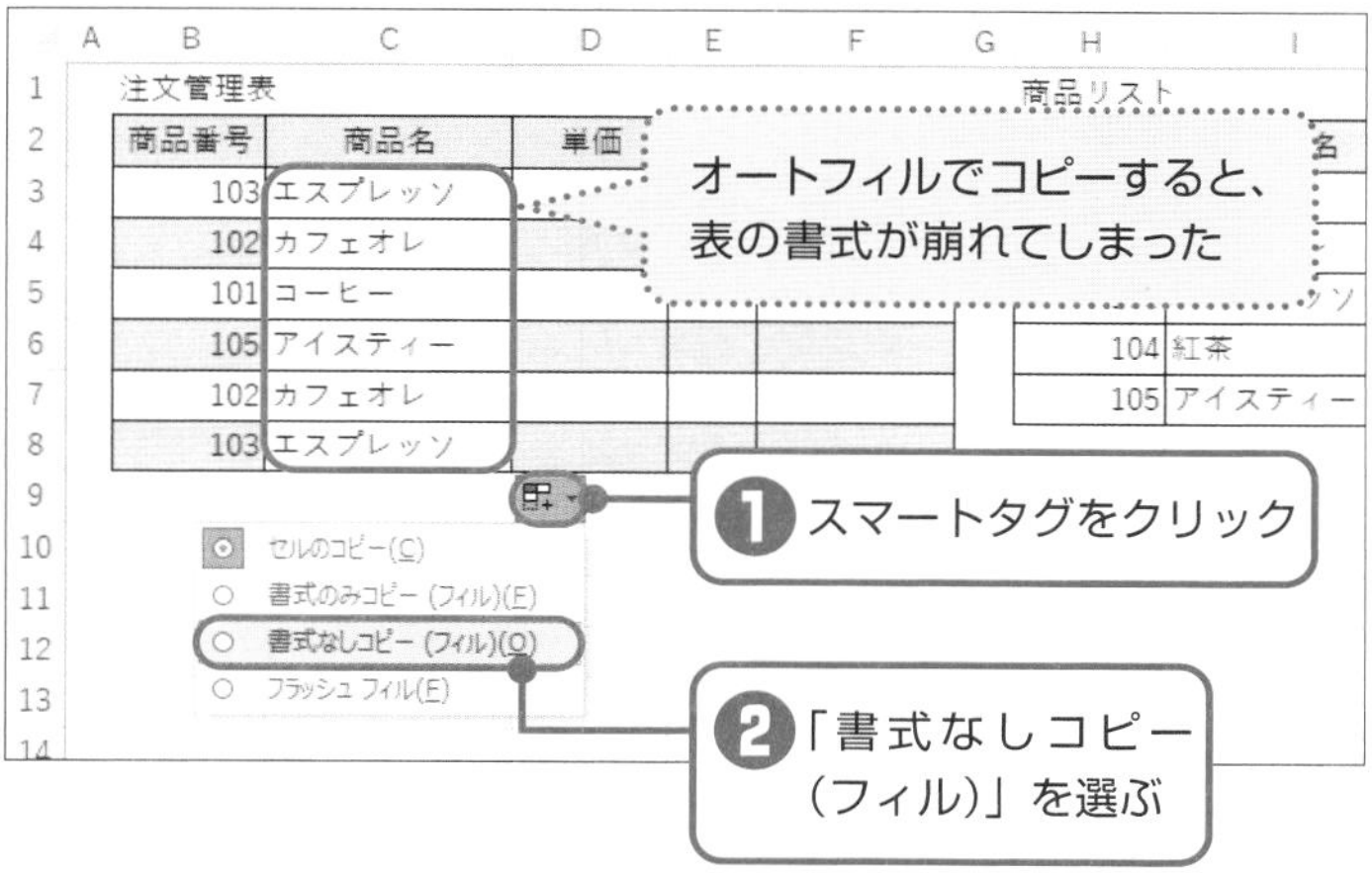

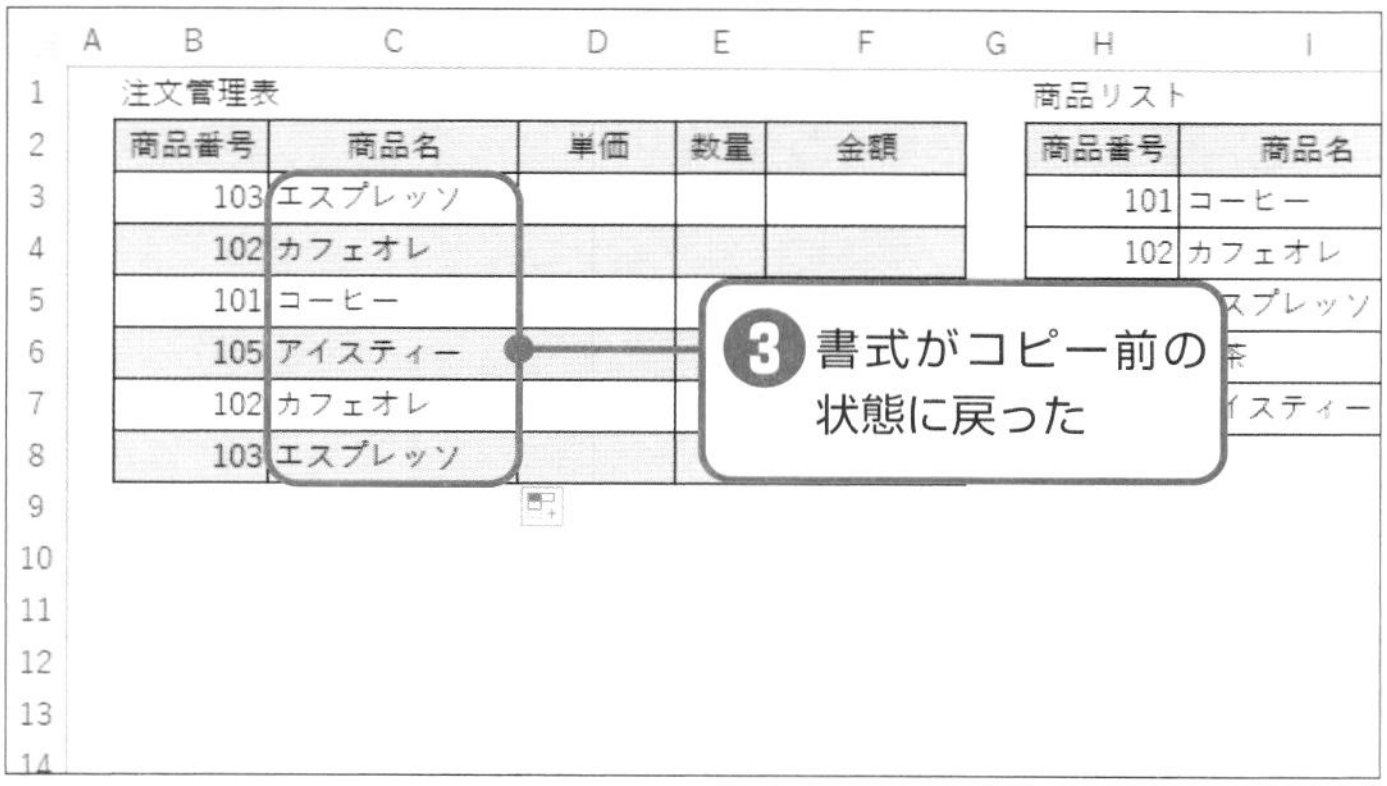

Section 32

参照方式をすばやく切り替えたい

F4キーで参照方式を切り替える

「範囲」には、商品名や単価など、関連の情報を検索する一覧表を指定する。VLOOKUP関数をコピーする場合、一覧表のセル範囲がずれないよう、「範囲」はあらかじめ絶対参照にしておく必要がある。

ところでセル範囲を絶対参照にするには、英字と数字の前に「$」を1つずつ挿入しなければならない。キーボードから地道に入力するのは手間がかかるので、セルの参照形式をすばやく変更するショートカットキーを知っておこう。

これにはF4キーを使う。セル番地の部分をドラッグして選択してからF4キーを1回押すと、相対参照から絶対参照へと変更される。

なお、F4キーは1回押すたびに、相対参照↓絶対参照↓行だけ絶対参照↓列だけ絶対参照の順に参照形式が切り変わる。さらにもう一度F4キーを押すと、最初の相対参照に戻る。VLOOKUP関数では、非常に役立つショートカットキーだ。

F4 キーで参照形式を切り替える

F4 キーを押すたびに参照形式が変わる

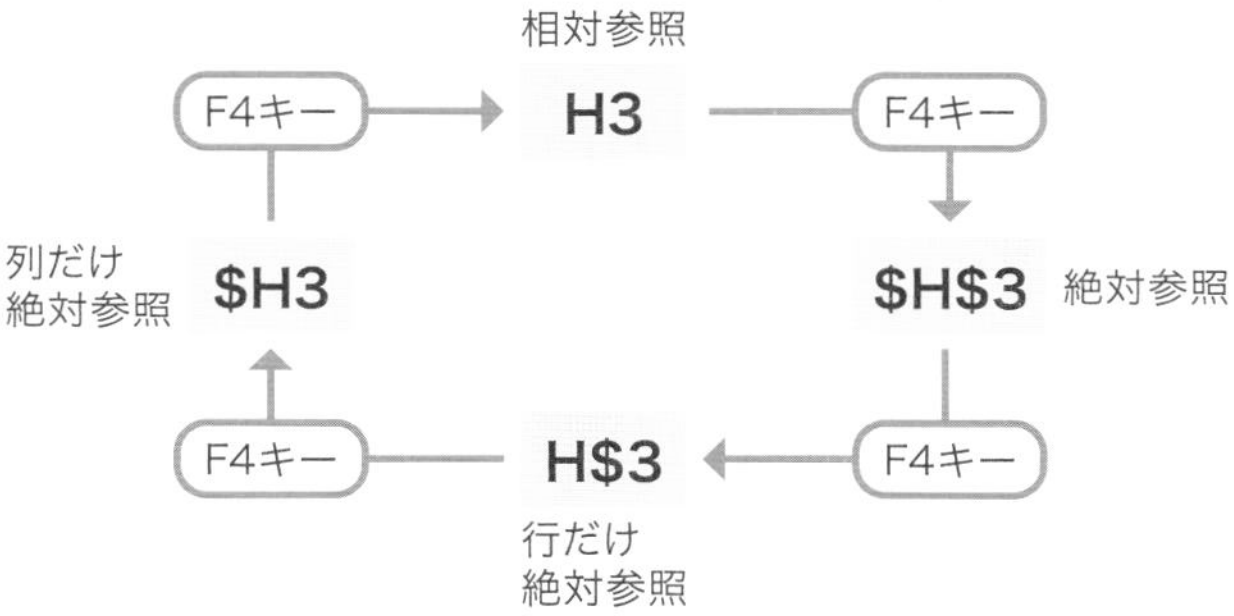

Section 33

ほかのブックを参照したい

ほかのブックの表をVLOOKUP関数で検索する

「範囲」に、別のファイルにある一覧表を使いたいと思ったことはないだろうか。別ブックの一覧表であっても、VLOOKUP関数では、引数「範囲」として問題なく利用できる。本書の最後に、そのやり方をマスターしておこう。

154ページの例を見てほしい。「商品一覧表」というエクセルブックのシート「商品リスト」にあるセル範囲A3からD15までを、VLOOKUP関数の引数「範囲」に指定してみよう。

まず、VLOOKUP関数を入力するブックと「商品一覧表」の両方のファイルをあらかじめ開いておく。「表示」タブの「整列」を利用して2つのファイルを左右に並べて表示しておくと、そのあとの操作がスムーズになる。

まず、70ページの手順でVLOOKUP関数をセルに挿入する。「関数の引数」ダイアログボックスで「検索値」を指定したら、「範囲」の欄をクリックしてカーソルを移動。

そのあと、「商品一覧表.xlsx」の画面上で表の範囲をドラッグして指定しよう。これで、「商品一覧表」ブックのシート「商品リスト」にあるセル範囲「A3：D15」がダイアログボックスの引数欄に入力される。あとは、通常の操作の場合と変わらない。続けて「列番号」と「検索方法」を指定してダイアログボックスを閉じればよい。

なお、ほかのブックの表を検索用に指定した場合は、２つのファイルにリンクの関係が生じる。リンク切れを起こしてエラーが表示されたりしないように、両ファイルの管理には十分に気を配ろう。

指定の操作を終えると、「関数の引数」ダイアログボックスの「範囲」の欄には、別ブックのセルを示す内容が、１５４ページ下の例のように入力される。

まず、検索表が入力されたブック名が先頭に来る。その際、ブック名は自動的に角カッコで囲まれる。次にシート名「商品リスト」に続けて「!」が表示される。この「!」は１２０ページでも紹介したようにシート名とセル番地を区切る記号だ。そしてそのうしろに表の範囲を表すセル番地が続く。

「範囲」にほかのブックを指定する

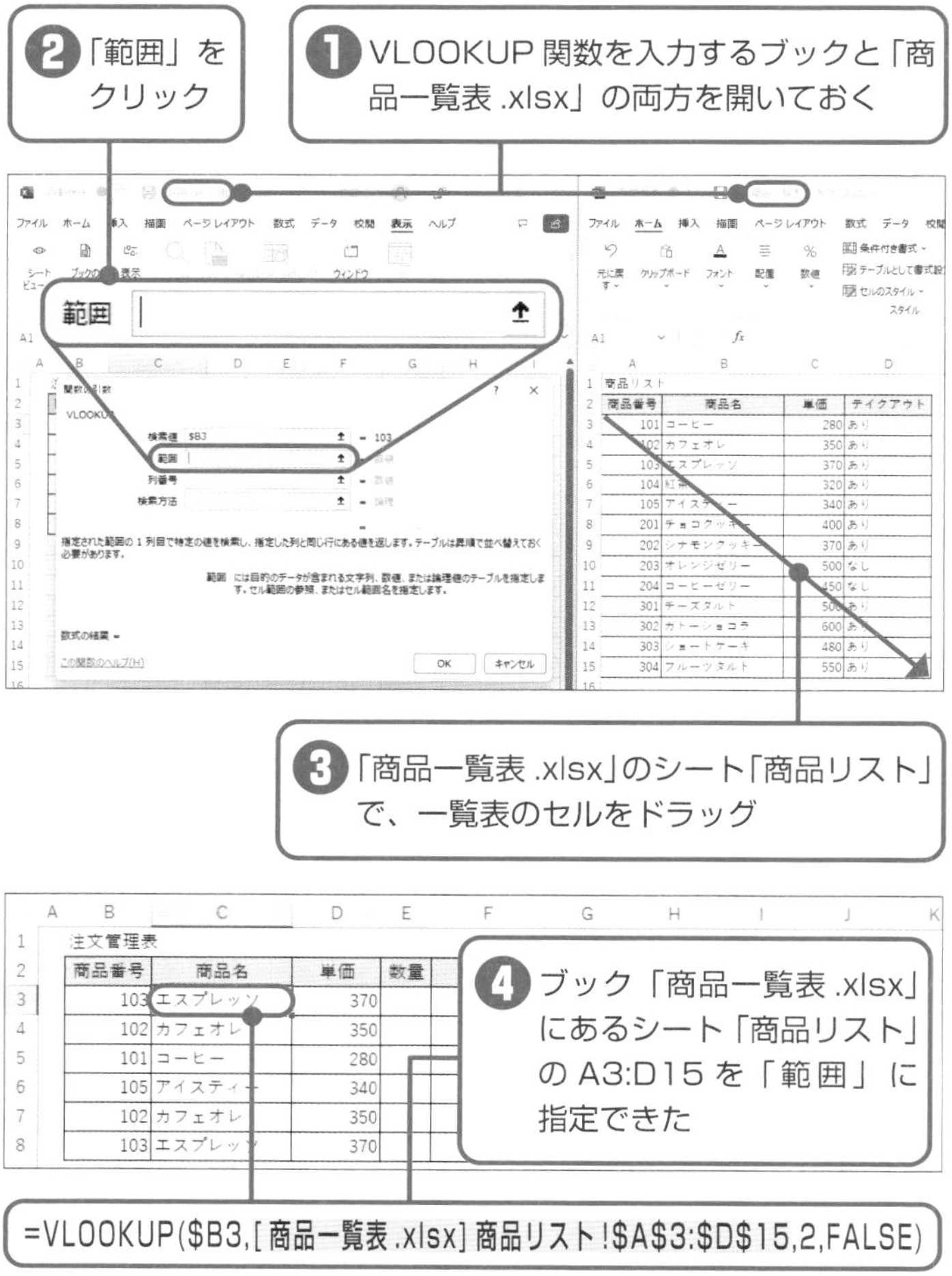

付録

XLOOKUP関数ってどんな関数？

マイクロソフト365やエクセル2021では、VLOOKUP関数の機能を拡張したXLOOKUP（エックスルックアップ）関数が新たに搭載された。これは、VLOOKUP関数と同様に、コード番号から一覧表の情報を検索できる関数だ。2016や2019では使えないが、VLOOKUP関数よりも指定が簡略化されて便利になっているので、紹介したい。

XLOOKUP関数は、下の例のように、6つの引数を持つ。これだけ見ると複雑そうだが、完全に一致するコード番号を検索する場合は、「検索値」、「検索範囲」、「戻り範囲」

XLOOKUP関数の引数

= XLOOKUP（❶検索値，❷検索範囲，❸戻り範囲，❹見つからない場合，❺一致モード，❻検索モード）

引数	指定内容
❶	情報の検索に使うコード番号
❷	一覧表の中で、コード番号が入力された列
❸	一覧表の中で、戻り値として表示したい内容が入力された列
❹	❶のコード番号が❷に存在しない場合の表示内容（省略可）
❺	完全に一致するコード番号だけを検索するかどうかを指定（完全一致の場合は省略可）
❻	❷でコード番号を検索する方向を指定（先頭から検索する場合は省略可）

の3つの引数だけを指定すればよい。

では、左ページ上の例のように、C3セルにXLOOKUP関数の式を入力して、B3セルの「商品番号」をもとに、「商品リスト」から「商品名」を検索してみよう。

XLOOKUP関数の最初の引数「検索値」には、検索に使うコード番号が入力されたセルB3を指定する。これはVLOOKUP関数の引数「検索値」と同じルールだ。

なお、XLOOKUP関数では、検索に使うコード番号の列（H3:H7）を「検索範囲」に、戻り値として表示したい内容の列（I3:I7）を「戻り範囲」に、それぞれ指定する。

すると、左ページ下の例のように、XLOOKUP関数は、「検索値」に指定したコード番号を「検索範囲」の列で検索し、見つかった場合は、「戻り範囲」の列の中で同じ行にあるセルのデータを戻り値として表示する。このように、XLOOKUP関数で一覧表から情報を探すしくみは、一覧表全体を「範囲」に指定して「列番号」で戻り値を指定するVLOOKUP関数とは異なる。

なお、58ページで説明したように、VLOOKUP関数では、コード番号の列を一覧表の左端に作る必要があるが、XLOOKUP関数では、「検索範囲」を単独の列で指定するため、コード番号の列は表のどこにあってもかまわない。したがって、一覧表のレイアウトの自由度はVLOOKUP関数よりも高いといえる。

C 3セルに入力したXLOOKUP関数の式

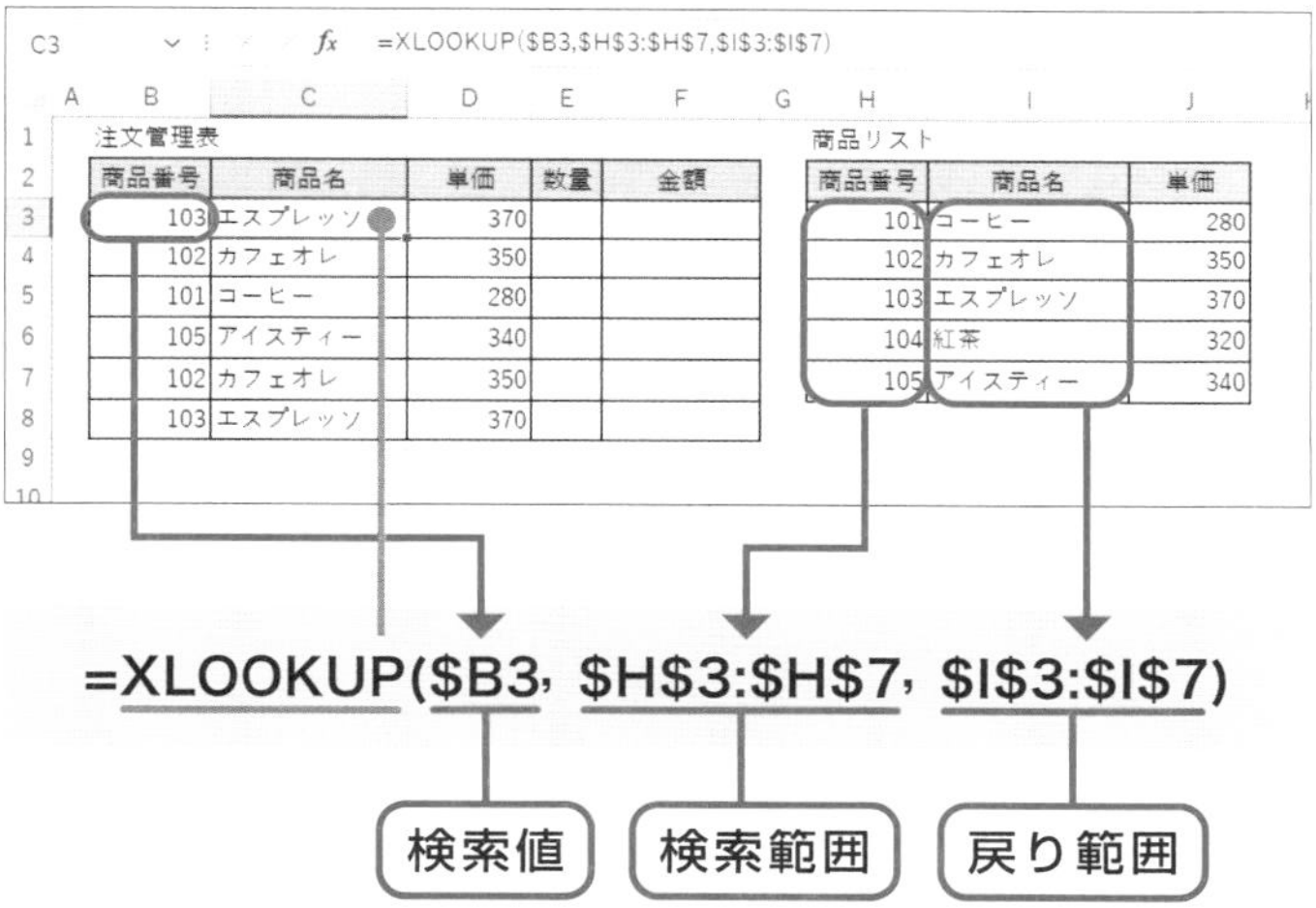

「検索範囲」と「戻り範囲」でデータを検索する流れ

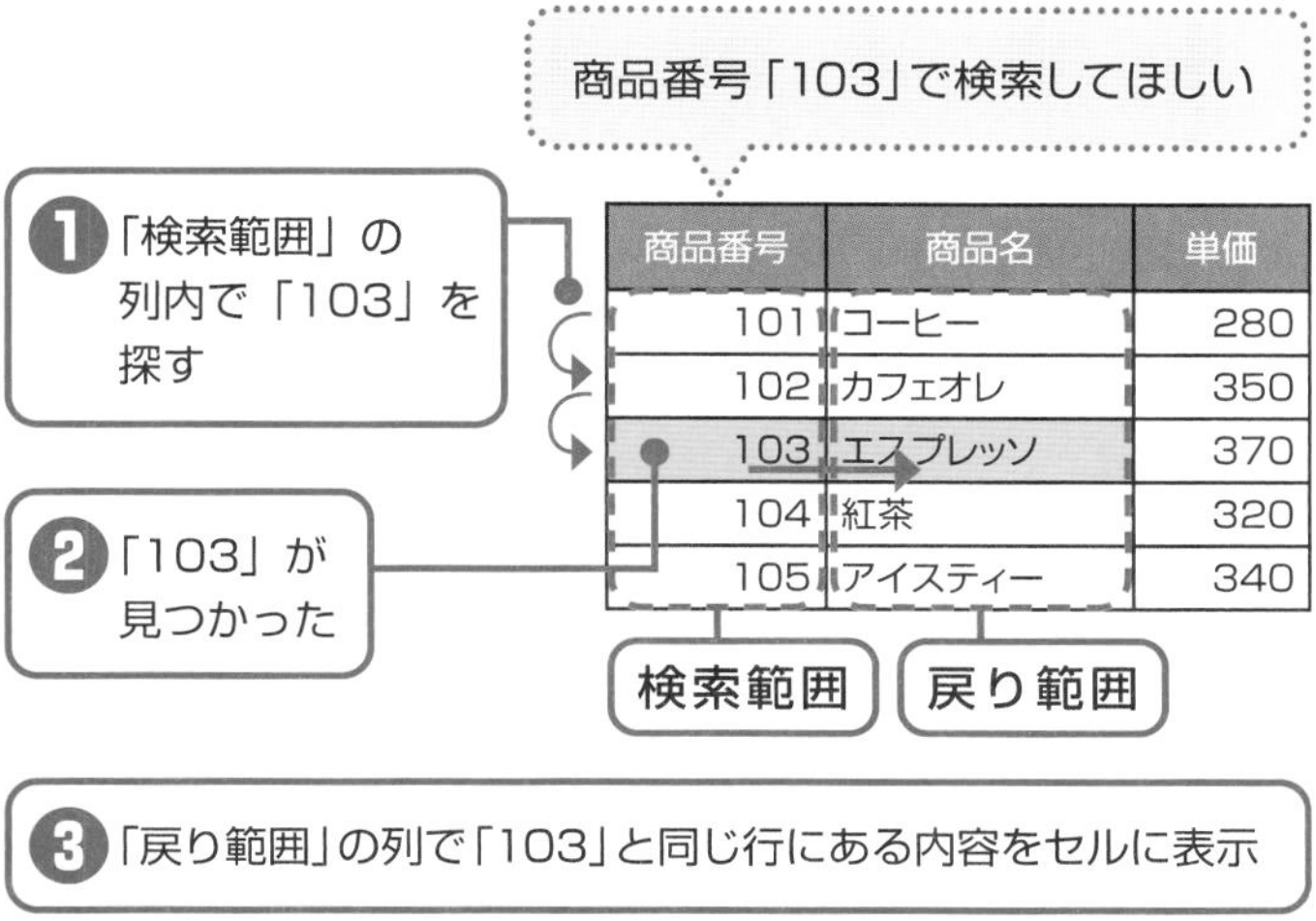

また、検索方法を指示する引数「一致モード」は、コード番号と完全に一致する内容だけを探す「完全一致」の場合、指定を省略できる。そのためVLOOKUP関数で「検索方法」に「FALSE」と入力するのと同様の指定はいらなくなる。

残る2つの引数「見つからない場合」と「検索モード」も省略できるため、総じて、VLOOKUP関数よりも入力にかかる手間は少なくなる。

157ページ上の例でC3セルにXLOOKUP関数の式を入力する操作については、VLOOKUP関数と同様だ。「関数の挿入」ダイアログボックスで「XLOOKUP」を選択したら、本書で学んだポイントを思い出しながら、それぞれの引数を指定しよう。

その際、「検索範囲」と「戻り範囲」は絶対参照にしておくと、入力した数式を下のセルにコピーする際にセル範囲が移動しない。また、「検索値」は、「$B3」と列番号だけに「$」を付けておくと、数式をD3セルにコピーした際にB列から動かなくなる。

最後に、D3セルにコピーしたXLOOKUPの式の「戻り範囲」を「$J$3:$J$7」に変更して、「=XLOOKUP($B3,$H$3:$H$7,$J$3:$J$7)」という数式にすれば、D3セルに単価が表示される。その後、D3セルの数式を下のセルにコピーすれば、D列の他のセルにも同様に単価が表示される。

索引

お問い合わせについて

本書に関するご質問については、本書に記載されている内容に関するもののみとさせていただきます。本書の内容と関係のないご質問につきましては、一切お答えできませんので、あらかじめご了承ください。また、電話でのご質問は受け付けておりませんので、必ずFAXか書面にて下記までお送りください。
なお、ご質問の際には、必ず以下の項目を明記していただきますようお願いいたします。

1 お名前
2 返信先の住所またはFAX番号
3 書名
（スピードマスター　1時間でわかる　エクセル　VLOOKUP関数　［改訂2版］）
4 本書の該当ページ
5 ご使用のOSとソフトウェアのバージョン
6 ご質問内容

なお、お送りいただいたご質問には、できる限り迅速にお答えできるよう努力いたしておりますが、場合によってはお答えするまでに時間がかかることがあります。また、回答の期日をご指定なさっても、ご希望にお応えできるとは限りません。あらかじめご了承くださいますよう、お願いいたします。
ご質問の際に記載いただきました個人情報は、回答後速やかに破棄させていただきます。

問い合わせ先

〒162-0846
東京都新宿区市谷左内町21-13
株式会社技術評論社　書籍編集部
「スピードマスター　1時間でわかる
エクセル　VLOOKUP関数［改訂2版］」
質問係
FAX：03-3513-6167
URL：https://book.gihyo.jp/116

お問い合わせの例

FAX

1 お名前
技術　太郎
2 返信先の住所またはFAX番号
03-XXXX-XXXX
3 書名
スピードマスター　1時間でわかる
エクセル　VLOOKUP関数　［改訂2版］
4 本書の該当ページ
117 ページ
5 ご使用のOSとソフトウェアのバージョン
Windows 11
Excel 2021
6 ご質問内容
正しい単価が表示されない。

スピードマスター
1時間《じかん》でわかる　エクセル
VLOOKUP《ブイルックアップ》関数《かんすう》　［改訂《かいてい》2版《はん》］

2016年9月15日　初版　　第1刷発行
2022年4月29日　第2版　第1刷発行

著　者●木村幸子《きむらさちこ》
発行者●片岡　巌
発行所●株式会社　技術評論社
東京都新宿区市谷左内町21-13
電話　03-3513-6150　販売促進部
03-3513-6160　書籍編集部
編集●伊藤　鮎
装丁／本文デザイン●クオルデザイン　坂本真一郎
DTP●リンクアップ
製本／印刷●株式会社　加藤文明社

定価はカバーに表示してあります。

ISBN978-4-297-12701-5　C3055
Printed in Japan